わかる！
使える！

レーザ加工
入門

金岡 優 ［著］
Kanaoka Masaru

日刊工業新聞社

【 はじめに 】

人類が人工の光であるレーザを手に入れたのが1960年です。それから、レーザ技術は多くの用途に活用されており、特に注目されている用途がレーザ加工です。つい最近まで、製造業における加工方法は、工具を接触させて加工する方法が一般的でした。しかし、近年の工業製品に求められる高精度や高機能なモノづくりには、接触式の加工方法では限界が指摘されていました。そこで期待されたのが、非接触式の加工方法であるレーザ加工です。レーザ加工は、微小スポットに集光された高エネルギー密度のレーザ光を被加工物（ワーク）に照射し、溶融や除去、組織変化などを起こす加工方法です。レーザ加工の特長は製造業からの期待に十分応えたため、自動車、電機、工作機械、インフラ設備などのほとんどの産業で、レーザ加工が生産手段として急速に広がりました。

さて、本書を手に取っていただいているあなたは、レーザ加工に何がしかの関係をお持ちであると思います。あなたのレーザ加工機を使った作業において、下記のことを考えたことはないでしょうか。

「加工時間を短縮したい」

「加工品質を改善させたい」

「加工ミスを少なくしたい」

「加工前の段取りを効率よく行いたい」

「加工コストを正確に算出したい」

もし自分はかなり上手にレーザ加工機の作業ができていると思っても、多くは改善の余地が潜んでいます。作業を効率的に行うために「知らなかった」では済まされないことが、あなたの経験できっとあるはずです。それらをできるだけ早い段階で認識して、実践できる力を付けておく必要があります。

レーザ加工に関する既存の書籍には、レーザ発振原理や加工原理、レーザ加工の応用などが多く見られますが、実際の作業流れに即した実践的内容を解説するものはありませんでした。そこで本書は、レーザ加工の実

作業に取り組む上で次に示す3つに着眼して、身に付けるべき知識を体系的にまとめました。

①構造・仕組み・装備
②段取りの基礎知識
③実作業と加工時のポイント

なお、ここで扱うレーザ加工は、早い段階から実用化が進み多くの作業者が携わっている切断と溶接、焼入れを中心とした熱処理、そして穴あけです。①では構造に基づく運動特性の違いや装備の種類など、②では加工特性に影響を及ぼす要因や稼働前の確認事項など、③では加工条件の求め方や各加工で注意するポイントなどについて分かりやすく解説しています。

忙しいみなさまが、レーザ加工機の作業学習のために多くの時間を掛けている暇はありません。レーザ加工のスキルは実作業にとても大切であり、短期間に集中して身に付けるべきものです。これに対応したのが本書であり、「最小限の時間で、即戦力になるための知識が身に付く」ことを主眼において執筆しました。本書に書いたことを実践していただくことで、「作業時間の半減」、「コストの半減」などの高い目標を持って仕事に取り組んでいただけることを期待しています。作業時間の短縮は、時間短縮だけでなく、煩雑な手間が省けることから「ミスの削減」という効果も出てきます。

また、本書では、加工時間やランニングコストの試算についても解説し、さらに使用する加工機メンテナンスの必要性なども示しました。こうした実践的内容の本書が、これからレーザ加工によるモノづくりを始めようとする方や、すでに従事している方の基礎知識の把握に何らかの形で役立てていただけることを願っています。

最後に、本書の出版に際し、何かとご配慮いただいた日刊工業新聞社の出版局書籍編集部の方々、ならびに関係各位に心から感謝いたします。

2020年6月　　　　　　　　　　　　　　　　　　　　　　　　金岡　優

目　次

はじめに

【第1章】
レーザ加工機の
構造・仕組み・装備

1　レーザ加工機の種類と特徴を知ろう

- レーザ発振器の種類・**8**
- レーザ加工システムの構成・**10**
- 切断用加工機でのレーザ光の照射・**12**
- 溶接・熱処理（焼入れ）用加工機でのレーザ光の照射・**14**
- 穴あけ用加工機でのレーザ光の照射・**16**

2　レーザ加工機の装備と仕組みを知ろう

- レーザ加工機に必要なユーティリティー・**18**
- 数値制御装置（CNC）・**20**
- レーザ光の集光特性・**22**
- レーザ光の伝送系・**24**
- テーブルの上面構造・**26**
- 加工機の駆動系・**28**
- 移動速度と加速度、加加速度・**30**
- 加工機の据付・**32**

3　レーザ加工機の周辺装置と仕組みを知ろう

- 加工ガスの供給設備・**34**
- 圧縮空気の供給設備・**36**
- 集塵機・**38**
- 冷却装置（チラー）・**40**
- CAD/CAM装置・**42**

- 自動化システム・**44**
- 工程管理・**46**

【第**2**章】
レーザ加工における
段取りの基礎知識

1 レーザ加工の基本を知ろう

- 加工に影響を及ぼす要因・**50**
- 切断の基本特性・**52**
- 溶接・熱処理 (焼入れ) の基本特性・**54**
- 穴あけの基本特性・**56**

2 集光特性の加工への影響を知ろう

- レーザ光の集光特性とは・**58**
- 切断における集光特性の影響・**60**
- 溶接と熱処理 (焼入れ) における集光特性の影響・**62**
- 穴あけにおける集光特性の影響・**64**

3 アシストガスの加工への影響を知ろう

- アシストガスの役割・**66**
- アシストガス流れの基本的な特性・**68**
- アシストガスと加工の関係・**70**
- ノズルの芯ズレの影響・**72**

4 稼働前の確認事項を知ろう

- 安全な操作をするために・**74**
- レーザ加工機運転前の点検・**76**

5 ワーク座標系とNCプログラムを知ろう

- ＮＣプログラムとは・**78**
- 座標系と原点の設定・**80**
- 絶対値指令と増分値指令の設定・**82**
- ＮＣプログラムの作成手順・**84**

6　ワークの準備と治具の準備を知ろう

- 二次元切断におけるワークの固定と治具・**86**
- 三次元切断におけるワークの固定と治具・**88**
- 溶接と熱処理 (焼入れ) におけるワークの固定と治具・**90**
- 穴あけにおけるワークの固定と治具・**92**

【第3章】
レーザ加工機の
実作業と加工時のポイント

1　加工品質の確認内容を知ろう

- 切断における確認が必要な加工品質・**96**
- 溶接、熱処理 (焼入れ) における確認が必要な加工品質・**98**
- 穴あけにおける確認が必要な加工品質・**100**

2　加工条件とその求め方を知ろう

- 出力形態とエネルギーの表し方・**102**
- 切断における加工エネルギーと加工能力・**104**
- 溶接と熱処理 (焼入れ) における加工エネルギーと加工能力・**106**
- 穴あけにおける加工エネルギーと加工能力・**108**
- 切断における出力形態の最適化・**110**
- 溶接、熱処理 (焼入れ) における出力形態の最適化・**112**
- 穴あけにおける出力形態の最適化・**114**

3　切断において押さえるポイントを知ろう

- 切断面のテーパ・**116**
- 切断面の粗さ・**118**
- 切断部の熱影響・**120**
- ドロスの発生・**122**
- バーニング (セルフバーニング) の発生・**124**
- 加工時間の短縮・**126**
- 歩留りの改善・**128**
- オフラインティーチングによる生産性向上・**130**

- ワーク管理と切断品質・**132**
- 寸法精度の補正における注意点・**134**
- 曲げ加工での変形・**136**

4 溶接・熱処理において押さえるポイントを知ろう

- 溶接に適用される継手・**138**
- 突合せ溶接での注意・**140**
- 嵌め合い構造での注意・**142**
- よく見られる溶接不良・**144**
- 熱処理の種類と加工特性・**146**
- よく見られるレーザ焼入れ不良・**148**

5 穴あけにおいて押さえるポイントを知ろう

- ワークの影響による加工品質の低下・**150**
- 光学部品劣化による加工品質の低下・**152**

6 メンテナンスの大切さを知ろう

- メンテナンスの目的・**154**
- 消耗品の基礎・**156**
- メンテナンスコスト・**158**

7 加工時間と加工コストの算出方法を知ろう

- 加工時間の見積・**160**
- ランニングコストの試算・**162**

コラム

- レーザ発明の歴史・**48**
- レーザの存在が必要不可欠な世界・**94**
- レーザ加工機の揺籃期での出来事・**165**

- 参考文献・**166**
- 索 引・**167**

【 第**1**章 】

レーザ加工機の
構造・仕組み・装備

レーザ発振器の種類

❶レーザ発振器

　加工用の高出力レーザはガスレーザと固体レーザに大別されます。板金加工用のガスレーザには従来からCO_2レーザが使用されており、**図1-1-1**に示す通り放電の方向、レーザガス流の方向、およびレーザ光の出射方向の違いによって、①三軸直交型と②高速軸流型があります。発振器の構成は異なりますが、ともにレーザの発生原理はCO_2を含む混合ガスを励起媒質（レーザ光発生源）とし、放電で励起します。レーザ発振器から出射したレーザ光は、複数のミラーによって反射され加工ヘッドまで伝送されます。

　固体レーザでは従来、YAG（Yttrium Aluminum Garnetの略）と呼ばれるガラス状の結晶（固体）をランプまたは半導体レーザで励起するレーザが使われていました。しかし、連続した高出力を使う場合に、YAGロッドの中に熱レンズ効果と呼ばれる熱ひずみが発生し、レーザ光の品質を悪化させる課題がありました。そこで、この熱レンズ効果を低減するために、**図1-1-2**に示す励起媒質にファイバの結晶を用いた①ファイバレーザと、励起媒質に板状（ディスク状）の結晶を用いた②ディスクレーザが開発されました。これらのレーザ光は加工ヘッドまで光ファイバによって伝送されます。また、半導体レーザによる樹脂や金属の直接加工も行われています。ただし、半導体レーザによる加工対象を金属材料とした場合は、切断での集光性が不十分なため、使用範囲は一部の切断と熱処理や溶接などの用途に限定されています。

❷加工への影響

　表1-1-1には各種発振器からのレーザ光の波長を示します。加工レンズで集光したレーザ光は基本的にその波長が短いほど小さなスポット径に絞られます。小さなスポット径ほど高エネルギー密度が得られるため、金属を溶融する能力が高まり高速度の加工が可能になります。また、波長はワーク（被加工物）のビーム吸収特性にも影響します。**図1-1-3**はレーザ光の波長と各種材料の吸収波長域を示しており[1]、波長が短くなるほど各種材料の吸収率が高くなります。高出力半導体レーザのアルミニウムに対する吸収率は、ファイバレーザの2倍、CO_2レーザの10倍にもなり、熱処理や溶接の用途が広がっていま

す。しかし、半導体レーザの最大の課題は前述した集光特性が低いことであり、集光特性改善の研究は切断分野への適用拡大につながるとして期待されています。

図 1-1-1 | ガスレーザ

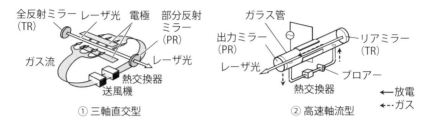

① 三軸直交型　　　　　　　　　　　② 高速軸流型

図 1-1-2 | 固体レーザ

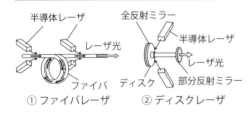

① ファイバレーザ　　② ディスクレーザ

表 1-1-1 | 各種レーザ光の波長

分類	レーザの種類	波長（μm）
ガス レーザ	CO_2レーザ	10.6
固体 レーザ	ファイバレーザ	1.07
	ディスクレーザ	1.03
	半導体レーザ	1.04〜0.81

図 1-1-3 | 波長と吸収率の関係（ビーム吸収率特性）

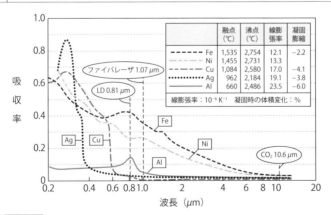

要点 | ノート

金属加工用のレーザ発振器は、CO_2レーザからファイバレーザに移行が着実に進み、今後もこの傾向は続くと想定します。しかし、ステンレスの切断面品質や非金属加工の要求には CO_2レーザの優位性が残っています。

レーザ加工システムの構成

　レーザ光を発生させる共振器に、電源や冷却装置（チラー）、ガスレーザではレーザガス供給や循環装置を含めて構成したのがレーザ発振器です。さらに、発振器より出射されたレーザ光を加工する位置まで伝播する構成や、加工に必要な機能の構成などの全てをまとめてレーザ加工システムといいます。

❶CO_2レーザ加工機の構成

　図1-1-4にCO_2レーザの加工システムを示します。加工機システムを直接冷却する一次側冷却系は、さらに水冷方式もしくは空冷方式の二次側冷却系で冷却されます。図中では二次側冷却系に水冷方式のクーリングタワーを使用した例を示します。レーザガスの供給は、事前に必要なガス組成を混合したガスボンベからか、もしくは単独の組成ガス（ボンベ）を並べて使用時に混合する方法をとります。レーザガス消費量の少ないCO_2レーザ加工機の場合は、事前に必要なガス組成を混合したボンベを用いることが一般的です。

　発振器から出射されたレーザ光は、ベンドミラーを配置した光路内（空間）を加工ヘッドまで伝送されます。この光路内は通過するレーザ光が減衰しないように、かつベンドミラーが汚れないように清浄度の高い状態を保つ（パージする）必要があります。そのためのドライエアーを生成するパージ用コンプレッサー、もしくは窒素ガス供給ユニットを装備します。加工ヘッドまで伝送されたレーザ光は加工レンズで集光され、ノズルからアシストガスとともにワークに照射されます。このアシストガスは、加工対象や加工量によってガス種類やガス供給装置を使い分ける必要があります。加工テーブルもしくは加工ヘッドを高速でかつ高精度に動作させ、またレーザ光を高速制御するために数値制御装置（CNC）を備えています。加工形状のプログラムを作成するCAD/CAM装置も必要になります。

❷ファイバレーザ加工機の構成

　図1-1-5にはファイバレーザの加工システムを示します。レーザガス供給ユニットが不要、発振器から加工ヘッドまでは光ファイバによる伝送のため光路パージの機能が不要、電気のレーザ光への変換効率が高いため冷却装置が小型化するなどが、CO_2レーザの加工システムとの主な違いになります。レーザ光

のファイバ伝送されることは、大形加工テーブルやロボットのシステムにおいて、システム構成を容易にさせます。

図 1-1-4 | CO_2 レーザの加工システム構成

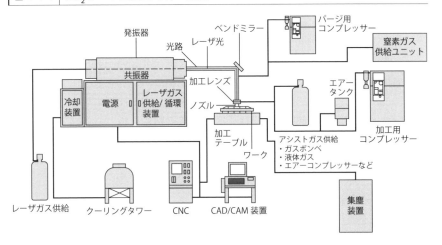

図 1-1-5 | ファイバレーザの加工システム構成

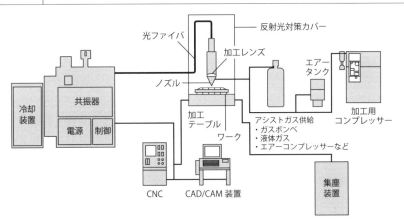

要点 ノート

発振器から出射されたレーザ光のミラー伝送と光ファイバ伝送とでは、その保守性に大きな差があります。一般工作機械との組み合わせなどにレーザ普及が進んだ背景には、光ファイバ伝送の保守性も大きな役割を果しました。

切断用加工機でのレーザ光の照射

　レーザ切断ではワーク（被加工物）の表面とレーザ光の照射角度の関係は、切断品質に影響します。**図1-1-6**にはレーザ光をワークの表面に面直に照射した場合と、斜めに照射した場合の違いを示します。面直照射の場合に比べて斜め照射では切断溝の肩部分aの形状角度が小さくなるため、その部分への熱集中が起こり、切断面品質の悪化を招きます。また、アシストガスの切断溝内への侵入や流れ状態も不安定になることから、裏面でのドロスbの発生にもつながります。

❶二次元レーザ加工機

　ワークが平板である二次元レーザ加工機では、常にレーザ光を下向きの状態で照射するため、レーザ光の照射角度を制御しないで加工します。そのため、切断機はX-Y平面内を**図1-1-7**に示すように、レーザ光またはテーブル（ワーク）を駆動させて加工します。同図①はX軸とY軸ともレーザ光を走査させる光移動方式、②は1軸（X軸）はレーザ光走査、もう1軸（Y軸）はテーブル走査をさせるハイブリット方式、③はX軸とY軸ともテーブルを走査させるワーク移動方式です。これらの駆動させる方式の選定は、試作が多いのか、生産性を求めるのかを考慮して決めることになります。

❷三次元レーザ加工機

　プレス成型品などのワークの表面が連続して角度変化する対象を切断する場合は、**図1-1-8**の①に示すX軸とY軸の平面に加えZ軸方向の3軸を制御するのではなく、②のようにワーク表面に対して常に面直にレーザ光の照射やアシストガスの噴射を行う必要があります。図中の②では全ての軸についてレーザ光を移動させる光移動方式を示しましたが、三次元レーザ加工機でも①光移動方式、②ハイブリット方式、そして③ワーク移動方式の3方式があり、加工対象や使用目的に応じて加工機の種類を選定します。

　加工対象にパイプなどの管材の加工を追加する場合は、三次元レーザ加工機では5軸制御に回転の1軸を追加して6軸制御、二次元レーザ加工機では3軸制御に回転の1軸を追加して4軸制御にします。

図 1-1-6 │ レーザ光の照射と加工品質

①ワーク表面に面直照射　②ワーク表面に斜め照射

図 1-1-7 │ 二次元レーザ加工機の方式

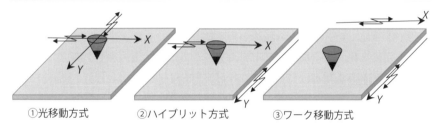

①光移動方式　②ハイブリット方式　③ワーク移動方式

図 1-1-8 │ 三次元レーザ加工機の方式

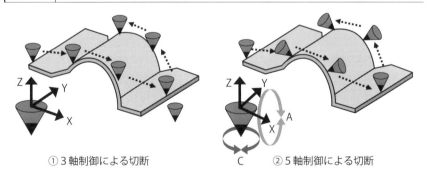

①3軸制御による切断　②5軸制御による切断

要点　ノート

高速切断性能を最大限に発揮させるには、軽い加工ヘッドを動かす光移動方式が優れます。加工状況を観察しながら加工するには、光固定のワーク移動方式が優れます。その両方の特長を採用したのがハイブリット方式です。

溶接・熱処理（焼入れ）用加工機でのレーザ光の照射

　　レーザ溶接でのワークの表面とレーザ光の照射角度の関係も切断と同様の傾向を示しますが、加工品質の影響はそれほど大きくはありません。加工機の方式は、三次元レーザ切断機と兼用する構造や、ロボットと組み合わせる構成が一般的です。レーザ光を走査させるか、ワークを動かすかも加工内容に合わせて、最適な方式を選定しています。

❶加工ヘッドまたはワーク走査の方式

　　図1-1-9は、レーザ光を発振器からミラー伝送や光ファイバ伝送で導き、そのレーザ光を集光する加工ヘッドを走査させるか、加工ヘッドを固定でワークを走査させる方式です。

　　同図①では、ロボットに加工ヘッドを持たせるシステムが一般的であり、量産加工に用いられています。しかし、プログラム作成に時間が掛かることが課題であり、加工数量の少ない試作などでは、作業者が加工ヘッドを手動で走査させる使用方法もあります。

　　②では、加工ヘッド固定でワークをロボットや回転治具などで動かす構成です。比較的ハンドリングが容易で、小形サイズの量産加工品が対象になります。

❷スキャナによるビーム走査の方式

　　図1-1-10は、ガルバノに装着した可動式ミラーによってレーザ光を高速に動かす構成のシステムです。この方式による溶接は、スキャニング溶接やリモート溶接ともいわれています。照射するレーザ光の移動速度が速く、狭い部分もレーザ光を導くことができれば溶接が可能です。

　　レーザ光を集光するレンズはスキャンヘッドの前に設けられる方式と、後ろに設けられるシステムとがあります。レンズからのワークへの距離はビームの集光特性に影響し、短焦点レンズになる同図①の構成は集光するビームスポット径を小さくします。一方、②は加工レンズを照射位置に応じて可動させることが比較的容易であり、焦点位置を高速で広範囲に制御できる構成です。そのため、比較的大形の立体形状での加工に用いられています。

図 1-1-9 | 加工ヘッドまたはワーク走査の方式

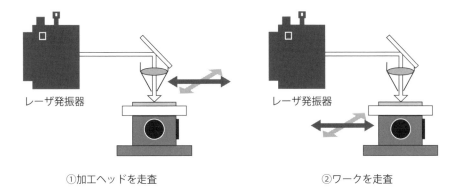

①加工ヘッドを走査　　　　　　②ワークを走査

図 1-1-10 | スキャナによるビーム走査の方式

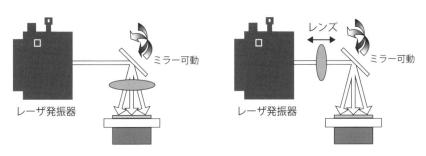

①加工レンズをスキャナヘッドの後ろに設置　②加工レンズをスキャナヘッドの前に設置

要点 ノート

溶接・熱処理のレーザ照射には、加工ヘッドまたはワークの走査以外に、広範囲の高速加工に効果を発揮するスキャナによるビーム走査方式があります。ただし、この方式はアシストガスのシールドが不要な対象に適用します。

穴あけ用加工機でのレーザ光の照射

　レーザによる微細穴あけでは、小径の穴径で高生産性の加工が求められます。そのため、加工穴の小径化に必要なレーザ光を絞る技術と、高生産性に必要なレーザ光を反射するミラーを高速度で振る技術が重要な役割を果たします。

❶穴あけ用レーザ加工機の構成

　図1-1-11には、穴あけ用レーザ加工機のレーザ光を伝送する光路、集光させる光学系、および加工テーブル（X-Yテーブル）を示します。発振器より出射したレーザ光は、マスクとコリメーションレンズより構成された像転写光学系でビームの形と直径を最適化され、さらに加工レンズによって微小スポット径に集光されます。

　高生産性には、照射するレーザ光を高速で高精度に位置決めするガルバノスキャナを装備して対応しています。ガルバノスキャナの可動ミラーよりワークへ導かれるレーザ光は、ガルバノミラーの振り角度に応じて斜め状態での照射になってしまいます。そのため、加工レンズにはレーザ光を垂直に修正して照射させるfθレンズを採用してします。

　加工テーブルにはワークの位置決めを短時間でかつ高精度に行うために、ワークに予め設定されているアライメントマークを認識するビジョンセンサを装備しています。

❷レーザ光の照射方法

　レーザ光を照射して高精度に加工できるエリア（範囲）は狭いサイズに限られています。そのため、加工方法は図1-1-12に示すように、一度に加工できるエリアを順次移動しながら加工を進めるステップ&リピート方式をとります。

　加工穴の位置精度は、テーブルの位置決め精度とガルバノスキャナの位置決め精度との合算になります。また、穴加工の生産性には、各穴の加工に必要なレーザ光のショット数と、可動ミラーの速度、そして各エリアの移動速度が大きく影響します。ショット数はレーザ発振器の性能、可動ミラーの速度はガルバノスキャナの性能、そしてエリアとエリア間の移動は加工機の動的性能に大

きく影響されます。加工時間を短縮するためには、ガルバノスキャナの制御と
テーブルの制御をシンクロ（同期）させる技術、すなわちガルバノスキャナと
テーブルを同時に稼働させる技術が採用されています。

図 1-1-11 穴あけ用レーザ加工機の基本構成

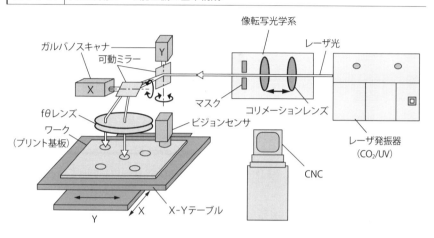

図 1-1-12 ステップ＆リピート方式

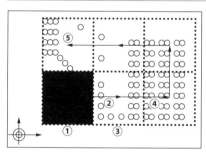

①ガルバノスキャナで一度に加工できるエリア
②次のエリアへ移動
③ガルバノスキャナで加工する次のエリア
④次のエリアへ移動
⑤最終の加工エリア

要点 ノート

穴あけでは、ガルバノスキャナによる高速・高精度な動きに加えて、シンクロ（同期）技術が生産性に大きく寄与しています。より高生産性の要求には、レーザを分光して同時に複数のワークを加工するシステムもあります。

レーザ加工機に必要な
ユーティリティー

　レーザ加工機を動かすために必要なユーティリティーには、**図1-2-1**の配管・配線系統図に示す水と電気、そしてガスがあります。

❶水配管系統

　電気エネルギーをレーザ光に変換する際に、変換効率が悪いレーザほど余分な熱を発生させるため、冷却用の水配管系統は重要な役割を果たします。発振器を直接冷却するのが冷却装置（チラー）であり、さらにチラーはファンによる空冷方式か、またはクーリングタワーによる水冷方式によって冷却されます。

　結露処理のドレン配管や水蒸発への補給水の配管系統も準備します。TS1とTS2は水温制御の温度スイッチ、FSは水量制御のフロースイッチ、Pは循環ポンプ、Hは寒冷地対応のヒーターを示します。配管材質には亜鉛メッキのSGPWを使用します。

❷電気配線系統

　工場まで高電圧で送電されてくる電気は、高圧受電設備のキュービクルにより各機械に必要な電圧まで下げられ、分電盤を通して各機器へ分配されます。

　電線や電気機器の絶縁が悪くなると、電気は不必要な所へ逃げ出し、さらに大地へ逃げる漏電が起きます。この逃げ出した電気をなるべく通りやすい（抵抗の小さい）所から地面に逃がす方法をアース（接地）といいます。電流の流せる量は、束ねる電線の本数や、電線を入れる電管、周囲温度、電線の種類によって決まりますので、メーカ指定の仕様に準じてください。

　発振器電源盤に内蔵の高周波電源は、電源ラインや空中にノイズによる障害を起こす可能性があります。その対策としてノイズフィルターや接地コンデンサーによるノイズの低減と、除去した高周波ノイズを高周波漏れ電流としてA種アースへ流します。D種アースは300V以下の低圧用機器の対応です。

❸ガス配管系統

　加工用ガスやメンテナンス用ガス、光路パージ用、操作用などに各種ガスが使われます。特にガス流量が多く必要になる無酸化切断では、配管距離が長い場合には流量を確保するための配管径に注意が必要です。また、スパッタの発

生があるレーザ加工では、金属配管の採用やスパッタ保護対策が基本です。

❹エアー配管系統

　エアーは加工機本体でのクランプ、ワークリフター、加工パレットの固定や、集塵機のフィルターに付着した粉塵の払落しなどに使用します。流量の均一化には高圧コンプレッサーにバッファ（エアー）タンクを組み合わせます。

図 1-2-1 ユーティリティーの配管・配線系統図

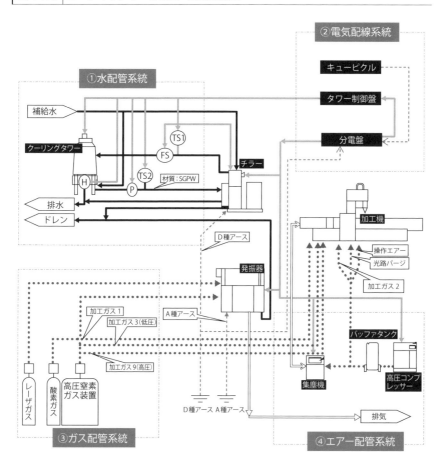

要点 ノート

加工機の据え付け前に準備する水、電気、ガスの配管と配線の作業は、一次工事といいます。この一次工事は、将来の加工機増設や置き換えにも対応できる設備にすることを提案します。

数値制御装置（CNC）

数値制御装置（CNC）は、レーザ加工機の動きを数値情報で指令制御することで、主に以下の4つの役割を担います。

❶位置決め制御

本機能は、レーザ光やワークを目的の位置へ動かす制御であり、図1-2-2に示す①非補間制御と②補間制御（経路制御、輪郭制御）とがあります。非補間制御は移動完了時の位置のみを制御し、P1からP3がどういう経路を通るかは問題でなく、"いかに速く、いかに正確に"位置決めさせるかが要求される制御です。補間制御はレーザ光を指令通りで移動させるレーザ光の通過するP1からP2の軌跡が重要な制御であり、各軸の運動を相互に関連させて制御します。

❷ NC軸制御

本機能は、レーザ光やワークを高速に移動させるためのドライブユニットやモータに関する制御であり、図1-2-3にはその制御の流れを示します。制御ユニットから次々に出される指令の通りに、レーザ光やワークを動かします。指令に対し機械の位置決め・速度の制御を正確に行うためには、ドライブユニットにて指令に対する機械動作の結果を検出し、誤差を減らす制御を行います。

❸シーケンス制御

位置決め制御以外に、シーケンス制御による周辺機器の制御も必要です。この機能は外部からの入出力を制御し、位置決め以外の全てに関係します。例えば、運転開始ボタンを押すと、プログラムが読み込まれているかを確認し、ドアが閉まっているかなどの問題がないことを確認してから自動運転が開始されます。また、多くのスイッチを自動でオン・オフし、加工機や加工の状態を人に知らせます。このような処理がシーケンス制御で行われます。

❹HMI（Human Machine Interface）

使用者と機械との橋渡しをする機能であり、機械の運転（プログラム実行や状態確認）だけでなく、プログラムの編集やパラメータの設定など様々なことができます。図1-2-4に示す運転画面例では、各軸の座標やプログラムなどが確認できたり、自動加工用のプログラムを入力・編集できたりします。

図 1-2-2 位置決めの機能

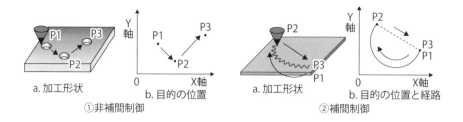

a. 加工形状　b. 目的の位置　①非補間制御

a. 加工形状　b. 目的の位置と経路　②補間制御

図 1-2-3 制御の流れ

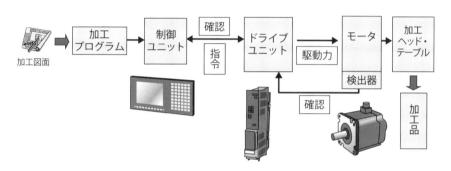

図 1-2-4 運転画面の例

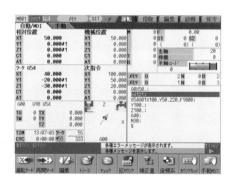

要点｜ノート

数値制御装置は、NC プログラムを読み込んでモータや発振器に指令を出して制御する装置です。現状のレーザ加工機は、Windows 上で制御装置をコントロールします。

レーザ光の集光特性

　太陽光や電球などの自然光とレーザ光との比較によって、レーザ加工に必要な高エネルギー密度の得られるレーザ光の特徴を理解しましょう。

❶高い集光特性と高いエネルギー密度

　図1-2-5には自然光とレーザ光の違いを示します。①自然光の集束能力は低いためスポット径が大きくなり、加工に必要なエネルギー密度に達しません。一方、②集束能力の高いレーザ光は、加工可能なエネルギー密度になります。

　これらの理由の1つは、太陽光には赤外線から可視光線、紫外線、あるいは放射線が含まれており、そのため異なった波長の屈折率に応じた多くの焦点ができます。一方、レーザ光は単一波長のため、1つの焦点で集束できます。

　2つ目は、指向性の違いです。いろいろな方向に進む指向性の低い自然光は光が拡散されてエネルギー密度が低下し、かつ集光特性も低下します。レーザ光は拡散されず離れた位置でも高エネルギー密度を維持でき、かつ理論的に1点に集束できます。

　3つ目は、光の波形（山と谷）である位相の違いです。レーザ光は位相が揃っていますが、自然光は揃っていません。一般に光波（波動）を重ね合わせると、2つ以上の同一波動が同一点に一致した時に同位相では互いに強め合い、反対の位相では弱め合う干渉を起こします。図1-2-6①は2つの波動の山と山を一致させると合成振幅が2倍になることを示し、②は2つの波動が山と谷を一致させると振幅が打ち消されて「0」になることを示します。このようにレーザ光は重ね合わせて意図的に強くすることが可能です。

❷熱レンズ作用

　汚れた加工レンズを使用すると、レーザ光の屈折が乱れる熱レンズ作用（効果）を起こし、図1-2-7②に示すように集光特性を悪化させます。特にレーザ出力が大きな加工ほど、この熱レンズ作用を発生させる傾向が高まり、加工品質の低下を招きます。レーザ溶接では、熱レンズ作用の影響を少なくするために③に示す金属の放物面鏡を用いて集光させることがあります。放物面鏡はミラーの背面から水冷することができるため、熱レンズ作用を発生させません。

図 1-2-5 | 自然光とレーザ光の違い

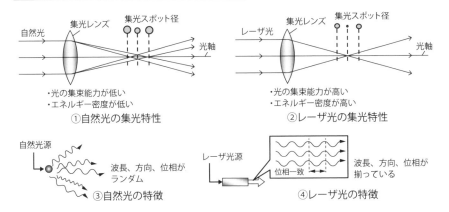

・光の集束能力が低い
・エネルギー密度が低い

①自然光の集光特性

・光の集束能力が高い
・エネルギー密度が高い

②レーザ光の集光特性

自然光源 → 波長、方向、位相がランダム

③自然光の特徴

レーザ光源 → 位相一致 → 波長、方向、位相が揃っている

④レーザ光の特徴

図 1-2-6 | 光の干渉

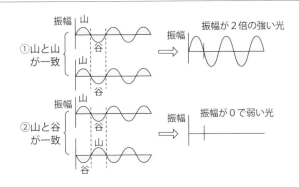

①山と山が一致 → 振幅が2倍の強い光

②山と谷が一致 → 振幅が0で弱い光

図 1-2-7 | 熱レンズ作用

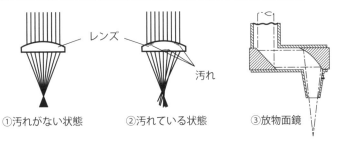

①汚れがない状態

②汚れている状態

③放物面鏡

要点 ノート

レーザ光の発振には人為的操作が行われ、その発振プロセスそのものがレーザ（LASER）の語源です。すなわち Light Amplification by Stimulated Emission of Radiation「放射の誘導放出による光の増幅」の頭文字です。

レーザ光の伝送系

　発振器より出射されたレーザ光は、その特性を維持したまま加工ヘッドまで導かれます。**図1-2-8**に示すように、CO_2レーザ加工機ではベンドミラー（BM）による反射を利用した伝送、ファイバレーザ加工機では光ファイバ内の反射を利用した伝送を行います。

❶ミラーによる伝送系

　ワークを固定して加工ヘッドが移動する光走査型の加工機では、BMの数が増えて複雑な構成となります。BMの汚れることを防止するために、光路はジャバラや金属管でカバーされており、その中に粉塵などの侵入を防ぐためにクリーンなガスを流しています。さらに、BMは定期的なクリーニングと光軸の調整をする必要があります。

　光路長が長くなる加工機では、発振器から加工ヘッドの距離に応じてレーザ光の径が変化するため、**図1-2-9**に示す①光路長一定方式か、②コリメーション方式によってレーザ光の径変化を防止しています。

❷光ファイバによる伝送系

　光ファイバによる伝送では、BM伝送と比較して光路を自在に調整でき、またビーム径の変化もありません。そのため単純な構成になることから、ロボットシステムなど複雑な動きをする加工機にも対応が容易です。

　光ファイバは、**図1-2-10**①に示すように石英ガラスで形成される細い繊維状の物質です。中心部のコアとその周囲を囲むクラッドの二層構造になっており、さらにその外側に二重の被覆層があります。コアの部分は、クラッドの部分よりも屈折率を高くしています。このため、光は全反射という現象により、コアの内部に閉じこめられた状態で伝送されます。同図②に示すように、光が屈折率の高い「物質1」から屈折率の低い「物質2」に到達すると、その角度を変えて進入します。この時、進入角度が浅くなると、透過する角度も小さくなり、境界面に対し平行に近くなります。さらに、進入角度を小さくすると光は「物質2」に透過することができなくなり、全ての光がコアとクラッドの境界面で反射されます。このような現象を全反射と呼び、この性質を利用して光をコアの中に閉じ込めて光を長距離にわたって伝送することができます。

図 1-2-8 │ レーザ光の伝送

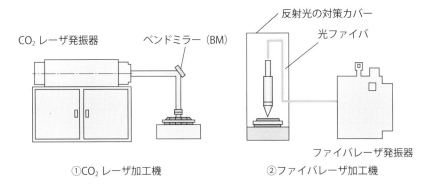

①CO₂ レーザ加工機 ②ファイバレーザ加工機

図 1-2-9 │ ビーム径変化の制御

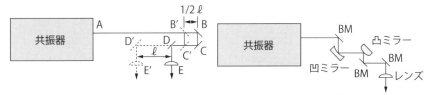

・加工位置Eが距離ℓだけ移動したE'に達すると、BとCは$1/2\ell$移動しB'とC'に来る
・常にABCDEの距離を一定にする機構
・発散角の影響を受けずに、常に同じ集光特性で加工することができる

①光路長一定方式

・凹凸ミラーによって発散角を修正
・レンズの位置に応じて凹凸の曲率を最適化する必要あり

②コリメーション方式

図 1-2-10 │ 光ファイバによるレーザ光の伝送

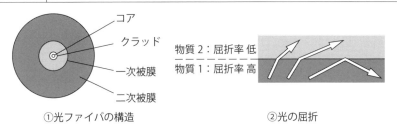

①光ファイバの構造 ②光の屈折

要点 ノート

最適ビーム品質を維持する伝送ファイバ長さには、限界があります。より遠隔からの溶接や切断が可能になれば、レーザ加工適用の範囲拡大につながるため、フォトニクス結晶ファイバなどの研究が進められています。

テーブルの上面構造

　レーザ切断では、切断に伴って生成される溶融金属、酸化物などの粉末は、加工ガスと一緒にワーク裏面から排出されます。従って、ワークの支持に関しては、加工点裏面の保持箇所を極力少なくすることと、ワークと支持部材の接触面積を極力小さくすることが必要です。

❶二次元切断機のテーブル上面

　図1-2-11①は、ワークが固定テーブル上に並べられたフリーベアで支えられ、その上を動かす方式です。この例では、レーザ光の固定軸での加工点は移動しません。従って加工点の裏面に開口部を設け、加工ドロス、粉塵、ガスを回収することが容易にできます。しかし、凹凸や穴のあるワーク（立体を含む）では、フリーベアに引っかかり、加工に支障をきたす場合があります。

　②は接触部面積が小さい剣山にてワークを支持する方式です。剣山の材質には、レーザ光による損傷を避けるため、レーザで加工され難い材料（銅合金など）を使用します。薄板から厚板までをテーブル搭載でき、板厚やワーク形状の制約が少ない方式です。しかしながら、切り落とされた製品が剣山に引っかかったり、ワーク移動の操作性がフリーベア方式に対して劣ったりなどの欠点もあります。

　③はノコギリ形状のスラットサポートでワークを支持する方式であり、剣山方式と同様に板厚やワーク形状の制約が少ない方式です。このスラットサポートは自身のレーザ切断にて加工・準備できるメリットがあります。

❷三次元切断機や溶接機のテーブル上面

　三次元切断機や溶接機では、立体物を加工対象とするため、ワークを固定するための治具を定盤のテーブル上面へ固定することが必要です。そのため、テーブルは図1-2-12に示すように、T溝を設けTスロットナットを使用して治具を固定する構造になっています。平板の切断や溶接を行う場合もワークを支持する治具を作成し、T溝を利用してテーブル上面に固定します。

❸穴あけ加工機のテーブル上面

　穴あけの対象は薄板であることが多いため、ワークを定盤のテーブル上面に吸着させて加工する方式になります（図1-2-13）。テーブル上面には直径2〜

3mmの穴が設けられ、テーブル内部より穴を通してワークを吸引する構造になっています。

図 1-2-11 | 二次元切断機のテーブル上面

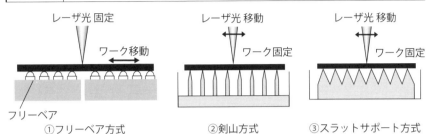

①フリーベア方式　②剣山方式　③スラットサポート方式

図 1-2-12 | 三次元切断機のテーブル上面

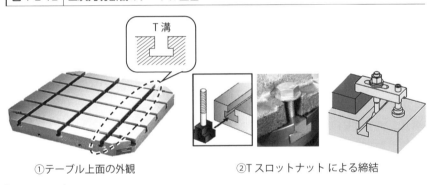

①テーブル上面の外観　②Tスロットナットによる締結

図 1-2-13 | 穴あけ加工機のテーブル上面

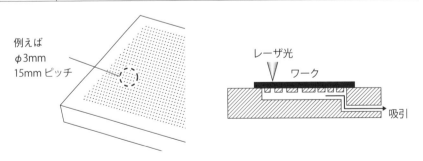

要点 ノート

テーブル上面構造は、ワークの固定精度、脱着の操作性、汎用性、メンテナンス性などが考慮されています。特別な加工対象に固有の要求にも、特殊仕様の固定治具をテーブル上面に設置できる工夫がなされています。

加工機の駆動系

　レーザ加工機のテーブルを駆動する部分の仕組みは、ACサーボモータとボールねじ、ラック・アンド・ピニオン、またはリニアモータのいずれかを使用しています。

❶ ACサーボモータとボールねじの組み合わせ

　ACサーボモータとねじ形状をした軸のボールねじを直結することにより、モータの回転力が直線運動に変換される駆動方式です。原理は**図1-2-14**に示す通り、ボールねじとナットの間でボールが転がりながら運動する作用を使い、ボールねじのナットをテーブルに取り付けることで、テーブルが直線運動できるようになります。ベアリングの転動面に異物が侵入すると、精度不安定になる可能性があります。また高速になるほど、温度上昇による熱膨張、共振現象による微振動や騒音が避けられないことも注意が必要です。

❷ ACサーボモータとラック・アンド・ピニオンの組み合わせ

　ラック・アンド・ピニオン（rack and pinion）とは歯車の一種で、ACサーボモータの回転力を直線の動きに変換するものです。その構造は**図1-2-15**に示す通り、ピニオンと呼ばれる小口径の円形歯車と、平板状の棒に直線形状で歯切りをした（歯が付けられた）ラックを組み合わせたものです。ピニオンに回転力を加えると、ラックがつながれた末端まで水平方向に動くため、長尺化が可能です。直動機構部はコンパクト設計でありながら、高強度が得られるため、大きな荷重を搬送することができ、ボールねじよりも高速化が可能です。日本ではラック・ピニオンと略されることもあります。

❸ リニアモータ

　リニアモータとは**図1-2-16**に示す通り、極を切り替える電磁コイル式磁石（可動子）と固定側の永久磁石の引力や反発力を使ってテーブルを直線的に動かします。リニアは直線という意味で、リニアモータは直線運動を行うという意味です。

　リニアモータは磁石の力で浮遊しているため、テーブルと被接触でボールねじのように回転機構がないため高速で動かすことができます。その速度は推進コイルに流す電流の周波数によって制御されます。また、機械的な動力伝達部

品がないため、駆動システムの慣性レベルは低く、騒音も少なくなり、摩耗する部分も少なくなります。

図 1-2-14 | ボールネジ駆動の方式

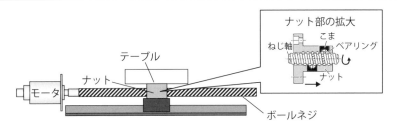

図 1-2-15 | ラック・アンド・ピニオン駆動の方式

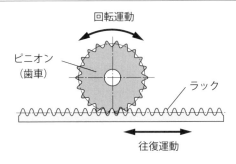

図 1-2-16 | リニアモータ駆動の方式

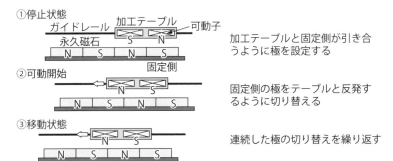

要点　ノート

リニアモータは、他の方式に比べて動作面では多くの優れた点がありますが、汎用性や価格、ランニングコストに課題があります。現状では加工目的に合わせて、前述の3つの駆動系から最適な方式が選択されています。

移動速度と加速度、加加速度

　レーザ加工機のテーブルや加工ヘッドなどを高速度で動かすことは、加工時間を短縮させて生産性を向上させます。しかし、加工機の動作では設定速度の条件に対して**図1-2-17**に示すように「始動→加速→等速→減速→停止」の速度変化が起きるため、これらが加工時間に大きく影響します。

❶移動速度

　移動速度には、加工経路に沿ってレーザ光を動かす加工速度と、レーザ光を停止させて加工位置と次の加工位置間を動く早送り速度（空送り速度）があります。加工速度は、発振器の出力によって決まる加工能力や要求加工品質に応じて最適値を設定します。一方、早送り速度はプログラムの動作確認を低速設定にて行いますが、確認後は生産性を優先して最大値に設定します。

❷加速度

　始動から設定速度までの加速や、等速の設定速度から停止までの減速などの時間当たりの速度の変化が加速度です。**図1-2-18**に示すように、始動から加工条件の設定速度までの速度変化が短時間で行われるほど、加速度は大きいといいます。等速から加工が停止するまでの速度変化である減速においても、加速度の大小の定義は同じです。

　このような加速度の大小が、実際の加工に対してどのように影響するかを示したのが**図1-2-19**です。穴加工と早送りにおいて、加速度が小さい場合、穴径が小さかったり早送りの距離が短かったりすると、加速して設定速度に達する前に減速を始める必要も出てきます。そのため高速に設定した速度に達して加工できる範囲が狭くなる現象になります。しかし加速度が大きい場合は、穴加工での外周や早送りの距離の大部分を設定速度で動くことになり、加工時間を短縮させて生産性は向上します。

❸加加速度

　加速度の変化率を加加速度といいます。加工範囲が狭く、かつ経路の変曲点の多い複雑形状では、加速と減速が頻繁に激しく行われる状態になり、加工機が間欠的な動きになってしまいます。そこで、加工機が高い精度を維持しつつ高速で滑らかな動きを行うために、加加速度は高い応答性で制御されていま

す。一方、加加速度を高めると加工機の振動が発生しやすくなるため、加工機側の構造も振動を抑える最適設計が行われています。

図 1-2-17 | 加工機の動作パターン

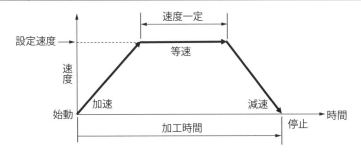

図 1-2-18 | 加速度と速度の関係

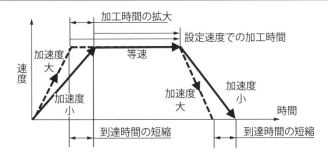

図 1-2-19 | 加速度と生産性の関係

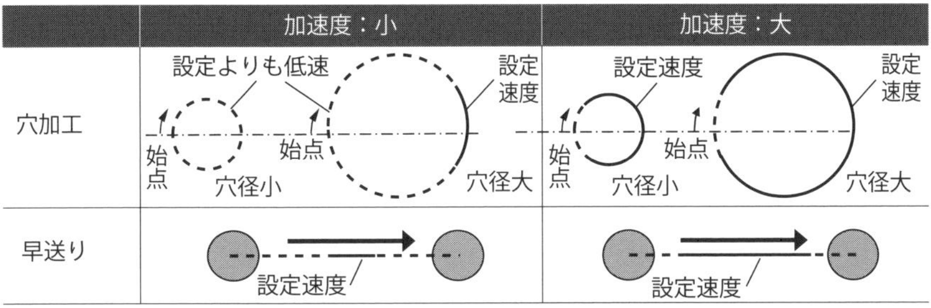

	加速度：小		加速度：大	
穴加工	設定よりも低速／設定速度 始点 穴径小 始点 穴径大		設定速度／設定速度 始点 穴径小 始点 穴径大	
早送り	設定速度		設定速度	

要点 ノート

移動速度が加工時間に対して大きく影響する形状は、大きな直線や大きな曲線だけを持つ単純形状です。一方、加速度や加加速度が加工時間に大きく影響する形状は、小さな線分や小さな曲線を多く持つ複雑形状です。

加工機の据付

　レーザ加工機の据付には、据え付ける床の強さと床の傾き、外からの振動の状態を調査し、据付に備えなければなりません。また、据付では加工機の固定方法や接地についても基本的な知識を持っていたほうがいいでしょう。

❶地耐力
　地耐力とは地盤がどの程度の荷重に耐えられるか、また地盤の沈下に対して抵抗力がどのくらいあるかを示す値です。一般に、地耐力は1m²当たりが耐える重量（t）の意味での単位（t/m²）で表します。地耐力が不足すると、**図1-2-20**に示すように地盤は機械の重さに耐えられずに沈下してしまいます。地盤が弱く、地耐力が小さな場合には、メーカ指定の深さまでコンクリートを流し込む基礎工事が必要です。

❷床の平面度
　床の平面度は、表面がいかに平らであるかを表す指標になり、加工機の加工精度に影響します。レーザ加工機の設置に適正な平面度は、**図1-2-21**に示す例のようにメーカが推奨する平面度が必要になりますが、できたら推奨値以上の平面度の確保をお願いします。

❸防振
　外部からの振動の影響は、特にCO_2レーザにおいて光軸をずらす可能性があります。その結果、加工不良を発生させたり発振器の出力低下を起こしたりします。振動の少ない場所へのレーザ加工機の設置が困難な場合は、**図1-2-22**に示すように防振溝を設けて振動を遮断する方法をとります。

❹加工機の固定
　加工機の振動などによるずれ発生の防止や、加工精度の維持をするために加工機をしっかり固定することが求められます。コンクリートの床に基礎ボルトを埋め込み、加工機を固定するアンカーボルト方式が一般的です（**図1-2-23**）。

❺加工機の接地
　高電圧を使うレーザ加工機では、通信障害の防止、電位の均等化、静電気障害の防止、感電の防止などを目的とした接地工事も重要です。メーカ指定の接

地線の太さ、接地抵抗、電管などの接地工事を実施してください。

図 1-2-20 | 加工機の重量と地耐力

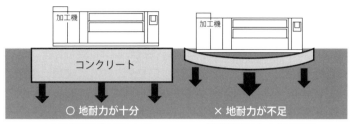

十分な基礎を打つことで、
本体重量を均等に地面に伝える

基礎が薄いと本体重量に
よって地盤が沈下する

図 1-2-21 | 床の平面度

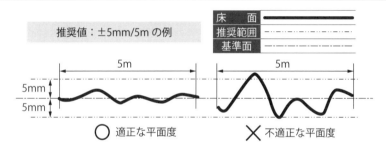

○ 適正な平面度　　　✕ 不適正な平面度

図 1-2-22 | 防振溝

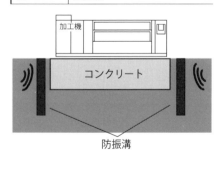

図 1-2-23 | アンカーボルト方式

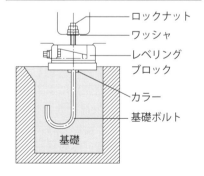

要点 ノート

機械精度を長く維持するためには、基礎が重要です。もし、加工機の据付場所
の状態に不安がある場合は、据付前の確認を必ず実施してください。その場合、
周辺装置も最大使用条件での稼働状態にする必要があります。

加工ガスの供給設備

　加工時に使用するアシストガスは、加工内容に応じて酸素、窒素、アルゴン、エアー（空気）などが使われます。加工ガスのコストはランニングコストに占める割合も高いため、使用量や加工の頻度に応じて**図1-3-1**に示すガス供給装置から最適な方法を選定する必要があります。

❶ ガスボンベ（シリンダー）による供給

　酸素や窒素、アルゴンガスを気体状態で圧縮し充填した高圧のボンベによる供給方式であり、複数のシリンダーをラックにセットして使用することもあります。ガスメーカやシリンダーの種類で充填の仕様は若干異なりますが、46.7 Lの容器に14.7 MPaの圧力で充填されて7,000 Lのガスが入っています。この方式の長所は充填圧力が高いので、高圧の状態で容易にレーザ加工機への供給が可能なこと、長期間保管していてもガス量の減少がないことです。短所はガス単価がコスト高になることです。

❷ 超低温液化ガス容器（LGC）による供給

　この方式では、液体窒素または液体酸素が容器に147 L充填されています。ガスの使用時には蒸発器を使って液体から気体に変化させます。さらに高ガス圧で使用量が多い場合は、圧力を高める昇圧機とガス変動を抑えるバッファタンクを用意します（**図1-3-2**）。この方式の長所はガスを大量に使用する場合に連続供給が可能なことです。短所はガスを使用しない状態でも容器の内圧が上がると、安全弁が開いてガスが放出されることです。

❸ 液化ガス貯槽（CE）による供給

　この方式では、液体窒素は2,600〜16,000 Lが充填されています。レーザ加工機を複数台保有していたり、厚板の無酸化切断を連続して行ったりする場合は、このような連続したガス供給が必要になります。液体窒素のタンクへの充填は液化ガスローリーを使って行うため、一度に大容量の液化ガスを供給することができます。この方式も**図1-3-2**に示すシステム構成になります。

❹ 窒素ガス発生装置（PSA）による供給

　特殊高分子（ポリイミド）製の中空糸膜に圧縮空気を流し、空気中の窒素を富化させる供給方式です。この方式の長所は、ガス調達が不要で低ランニング

コストなことです。短所はガス純度が中空糸膜の通過流量に影響するため、高純度で多流量の使用ほど中空糸膜の多い高額な装置になります。

図 1-3-1 | ガス供給設備

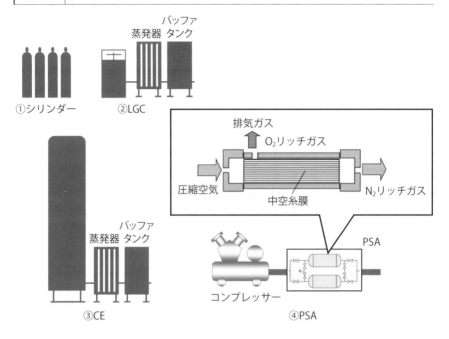

図 1-3-2 | 高圧ガスの設備

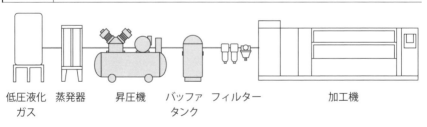

要点 ノート

レーザ切断のランニングコストでは、特に高圧ガスの加工においてアシストガス代は大きな割合を占めます。前述した各ガス供給の長所と短所を知って、最適な設備の選定を心掛けてください。

圧縮空気の供給設備

　圧縮空気（エアー）は、レーザ加工機の各ユニットの動力源や保護、加工ガスとして使われています。圧縮空気をつくるのがコンプレッサーであり、**図1-3-3**に示す①給油式（オイル式）と②無給油式（オイルフリー）の2種類の方式を使い分けます。以下にはコンプレッサーおよび周辺機器（**図1-3-4**）を設置する際に必要な知識を解説します。

❶出力

　出力とはコンプレッサーを駆動させるために使用しているモータの出す力を示すものです。出力の表現としては、一般にはkW（キロワット）、もしくはPS（馬力）を使い、その関係は1馬力≒0.75kWとなります（**図1-3-5**）。

❷吐出し空気量

　コンプレッサーが最高圧力で運転している時に1分当たり大気をどれだけ吸い込んでいるかの値です。圧縮された空気の量ではありません。一般にはL/minやm³/minの単位で表します。コンプレッサーの吐出し空気量を決定する際には、実際に使用する空気量より少なくとも10%の余裕を持った仕様から選定します。

❸ドライヤ

　空気を圧縮すると温度が上昇し、空気に含まれる水分が水蒸気の状態に変化します。その後、温度が下がると水蒸気は液体状の水になり、工具を錆び付かせたり、光学部品を汚染したりして加工機の故障原因となります。この圧縮空気中の水分を冷却し除去するのがドライヤです。

❹バッファタンク（補助タンク）

　コンプレッサーから吐出された圧縮空気が脈動することや、使用条件が間欠的なこと、突発的な大量消費が発生する場合に、圧縮空気を補充して圧力低下を防ぐ必要があります。このために設置されるのがバッファタンクです。このタンク容量の選定では、一般的にはコンプレッサーの吐出し空気量の約25%が目安になります。例えば400L/minの吐出しコンプレッサーでは400L/min×25%＝100Lとなり100L程度のバッファタンクを設置します。

❺フィルター

ドライヤで除去できない成分やドライヤ劣化時の発生成分が加工機へ侵入することを防止するために、ドライヤ出口にフィルターを設置します。

図 1-3-3 | コンプレッサーの種類

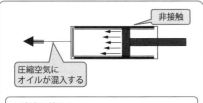

≪給油の特長≫
①焼付きを起こす金属と金属の直接接触をなくすため、油膜にて非接触としている
②圧縮空気の戻りを油膜によって防止する
③圧縮熱、摩擦熱の冷却効果を向上させる

①給油式コンプレッサー

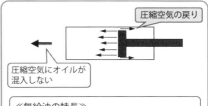

≪無給油の特長≫
①圧縮空気に油分が含まれないため、製品品質の向上につながる
②オイル管理が不要
③ドレンに油分が含まれないため、ドレン処理が容易

②無給油式コンプレッサー

図 1-3-4 | コンプレッサーとその周辺機器

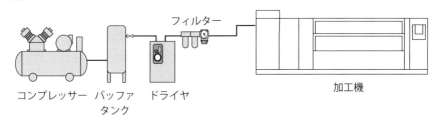

コンプレッサー　バッファタンク　ドライヤ　フィルター　加工機

図 1-3-5 | kW（キロワット）と PS（馬力）の関係

kW（キロワット）	0.2	0.4	0.75	1.5	2.2	3.7	5.5	7.5
PS（馬力）	1/4	1/2	1	2	3	5	7.5	10

1馬力≒0.75kW

要点 ノート

油圧式コンプレッサーからのエアーは、加工機の各種操作に使用します。無給油コンプレッサーからは油分を含まないエアーが得られるため、エアーが光学部品に直接触れる光路系のパージやアシストガスに使用します。

集塵機

　レーザ加工機による材料加工では、大量の粉塵やヒュームが発生し、長時間大気中を浮遊するため、人体の健康への悪影響が心配されます。また、粉塵が光学部品や加工機の摺動部に付着すると、加工不良や動作不良の原因にもなります。ここでは集塵機の重要性と能力について解説します。

❶加工機用集塵機の基本構成

　レーザ切断では**図1-3-6**に示す通り、ワークの一部を溶融・蒸発させ、かつアシストガスを噴射するため、発生物の一部は粉塵として飛散するようになります。しかし、粉塵の多くはワーク下のスラットサポートの壁に誘導されて加工機の下方へ運ばれ、ダクトを通して集塵機へと向かいます。

　粉塵の粒径は1μm程度から1mm程度まで広範囲にわたるため、それを捕獲するフィルタや清掃口も効果的に配置されています。プレボックスにあるフィルタは、比較的大きな粒径と高温で火の粉状態の粉塵を捕まえます。さらにプレボックスには、次に続く集塵機へ粉塵を含む空気が効率よく流れるような整流格子が取り付けられています。

❷集塵機の基本構造

　集塵機の課題は、短時間にフィルターが目詰まりし吸引力の低下を招くこと、目詰まりしたフィルターの交換・清掃作業が煩わしいこと、フィルター火災の危険などがあります。

　そのような課題の対策で検討されたのが**図1-3-7**に示す集塵機です。図中の点線が粉塵を大量に含んだ空気の流れ、実線が粉塵をフィルターで除去したクリーンな空気の流れを示します。フィルターへの効果的な粉塵付着や、静電気除去、空気中の水分（湿度）やオイル分の付着の防止、目詰まり対策などのために、特殊な粉末を成形フィルターの表面に塗布しています。また、フィルターの目詰まり状況を予測し、フィルターへの付着物の定期的な払落し機能を備えています。空気を強力に流すためのターボファンを備えた送風機は集塵機の上部に設置されています。

　一方、集塵機で集められた粉塵は産業廃棄物でしたが、リサイクル材料として処理が可能な固形物にしてスクラップ処理にする検討も行われています。

図 1-3-6 集塵の基本構成

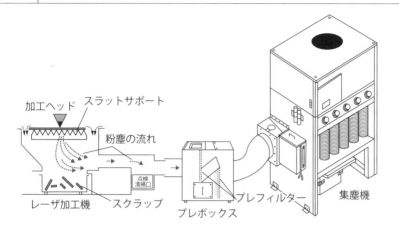

図 1-3-7 集塵機の構造

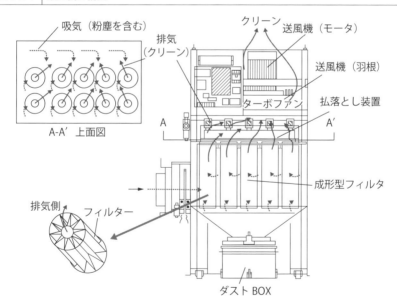

要点 ノート

レーザ切断で発生する粉塵に関して詳細な研究はありませんが、粉塵が長時間大気中を浮遊する現象を経験しています。粉塵は、じん肺、気管支炎、喘息などの原因になる可能性があり、適切な集塵方法の採用が必要です。

冷却装置（チラー）

　チラーは水（液体）を循環させて目的の加工機を冷却したり、加工機の温度を設定値通りに制御したりする装置の総称です（**図1-3-8**）。主に冷却することが目的のため、Chill（＝冷やす）の意味からチラーといいます。チラーは加工機から熱を除去して冷却しますが、チラー自身が除去した熱の排熱を行う必要があります。その排熱方式には、**図1-3-9**に示す空冷式と水冷式の2種類があります。

❶空冷式

　チラー内にファンを内蔵しており、高速回転させたファンによって空気を送風し冷却します。レーザ加工機の周囲へのチラー設置の自由度は高くなりますが、室内に排熱を逃がすため、気温が高い夏場や狭い場所では排気設備（ダクトやファン）が必要です。逆に冬場には暖房としての排熱利用も検討でき、ダクトに切り替え弁を付けて排熱を工場内に導いて有効に活用します。

　また、この方式は冷却効率が低いため、比較的小さな出力のレーザ発振器や、発振効率の高いレーザ発振器など発熱の少ない装置に用いられます。

❷水冷式

　チラーの冷媒をさらに二次側のクーリングタワーで冷却し熱を除去する方式です。冷却効率に優れており、比較的大きな冷却能力を必要とする大出力発振器に用いられます。チラーの設置制限から、工場の壁側にレーザ加工機を設置する必要性やクーリングタワーの設置を考慮した水配管の必要性から、レーザ加工機の据付レイアウトの自由度は低くなります。

　また、チラーから工場内に排熱を発生させないため、恒温室で稼働する穴あけ用レーザ加工機では標準仕様として用いられています。具体的には、複数台の加工機を組み合わせて集中配管でつないで冷却を行います。

❸冷却能力とは

　冷却能力とは、チラーが冷却したい物をどの程度冷やすことができるかという目安になる重要な数値です。通常はW（ワット）、またはkcal/h（キロカロリ）で表し、1kW＝860kcal/hになります。

　この数値は熱媒体として何を使用するか、容量はどの程度か、使用環境など

の各種条件が決まって算出されます。そのため、加工機メーカの指示に従って装置を選定することになり、能力を維持するための定期的なメンテナンスも重要になります。

図 1-3-8 | チラーの原理

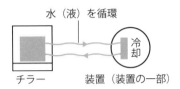

水（液）を循環
チラー　装置（装置の一部）

図 1-3-9 | チラーの種類

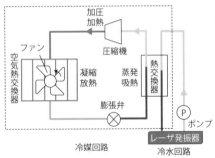

≪特徴≫
・小容量の冷却や温度制御に適する
・メンテナンスが容易
・夏場は空気熱交換器からの放熱対策が必要
・配置の自由度が高い

①空冷式チラー（点線内がチラー単体のシステム）

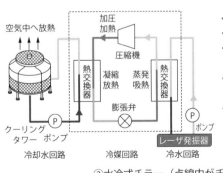

≪特徴≫
・大容量の冷却や温度制御に適する
・水の気化熱を利用するため、効率がよく、高温環境でも使用可能
・システムが複雑で冷却水側のメンテナンスが必要
・水配管工事と、壁に沿った配置が必要

②水冷式チラー（点線内がチラー単体のシステム）

要点 ノート

CO_2 レーザから発振効率の高いファイバレーザの導入が増えるに従い、空冷式チラーの採用割合も増加しています。空冷式チラーの排熱処理へのダクト設置は、工場の環境管理に有効な手段になるため積極採用を推奨します。

CAD/CAM装置

　レーザ加工機の加工速度が向上した結果、生産性が加工プログラムの作成能力に依存するようになっています。CAD/CAM装置はこの要求に応えるシステムであり、作図機能（CAD）と加工機を動作させるために必要な情報を作成する機能（CAM）が一体化されたことを意味します（**図1-3-10**）。

❶CADとは

　CADは、ワーク図面を電子データ化する機能（**図1-3-11**）で、結果をパソコンのディスプレー上に描画・作図します。

　CAD機能の1つに板金展開があります。板金部品の多くは曲げを伴っていますが、図面では曲げ完了後の図となっています。加工プログラム作成にあたっては、曲げ部の伸び量を考慮して広げた平板の図面とする必要があり、この作業を板金展開といいます。展開作業は図面の読解力と経験が必要でしたが、CADの板金展開機能は伸び補正量を自動計算した寸法で作図します。これ以外にも作図を支援する便利な機能としては、合成展開や断面展開、三次元展開、ダクト展開などがあります。

❷CAMとは

　CAMは、CADで作成した図形データを加工用のNCプログラムに変換する機能（**図1-3-12**）であり、レーザ加工特有の条件パラメータの付加や、図形処理を行います。

　CAM機能の1つに、**図1-3-13**に示すネスティングがあります。1枚の定尺材から、複数の異なる形状を多数切断する場合、各形状を定寸法の中に形状ごとの必要個数を配置したプログラムを作成しなければなりません。ネスティングはこうした配置を個数の指定だけで自動で行う機能です。また素材所要枚数が複数となる場合、素材の所要枚数および素材1枚ごとの部品個数を管理する機能もあり、パソコンの性能の飛躍的な向上により極めて高度な配置処理を秒単位の時間で行えます。これ以外にも便利なCAM機能としては、図面データへのレーザ加工経路の設定や最適な加工条件の設定、ミクロジョイントの設定、共通線切断、端材管理などがあります。

図 1-3-10 | CAD/CAM とは

「CAD」 Computer Aided Design の略
コンピューター　支援　　設計

コンピューターを用いて設計する、あるいはコンピューターによる設計支援ツールのこと

「CAM」 Computer Aided Manufacturing の略
コンピューター　支援　　　製造

コンピューターを用いて製造作業を支援するシステムのこと

図 1-3-11 | CAD による作図の例

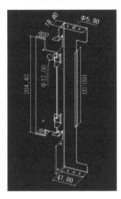

図 1-3-12 | CAM による経路設定の例

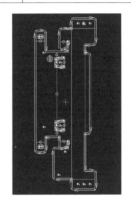

図 1-3-13 | ネスティング例

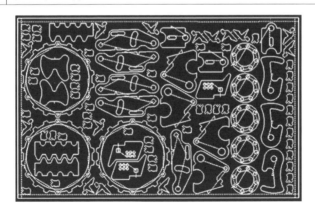

要点 ノート

ファイバレーザが薄板の切断速度を向上させたため、加工プログラムの作成が追い付かない状態が生じています。プログラム作成が生産のボトルネックにならないように、CAD/CAM 装置の最新技術にも注意が必要です。

自動化システム

　生産性の向上には、一連の加工動作であるa.前段取り工程、b.切断工程とc.後段取り工程を効率よく行うことが必要です。**図1-3-14**に示すように、各工程を直列の動作から並行の動作に変えること、さらにその動作を連続して行うのが自動化システムです。

❶切断での素材搬出入の自動化

　加工機に材料や加工品を収納する棚をモジュール化し、コンパクトに組み合わせて連続加工を行う自動化システムを**図1-3-15**に示します。加工対象の板厚やミクロジョイント有無の要求によって、システムが選定されます。

　（1）パレットチェンジの棚システム

　材料や加工品を加工用パレットに搭載したまま棚に収納するシステムです。ミクロジョントなしで加工する中板厚や厚板切断に適しますが、加工時間が短い薄板切断には多数のパレットが必要となり、本システムは適しません。

　（2）シートチェンジの棚システム

　ローディングやアンローディング装置を装備し、梱包材と加工品を棚に収納できるシステムです。加工対象は主に薄板であり、棚から供給された梱包材より素材を1枚ずつ加工用パレットに供給し切断を行い、加工品は収納用パレットに積載し棚に格納します。基本的に加工品はミクロジョイントを付加し、スケルトンと固定したまま搬送します。

　（3）パレットとシートチェンジ兼用の棚システム

　文字通り、前述の（1）と（2）の両方の機能を有しています。

　（4）倉庫付きシステム

　棚システムをより大規模な自動倉庫の構成に発展させたシステムです。材料倉庫として以外に、物流センターとしての役割も担い、収納・搬送・管理を効率よく自動化し、工場の長時間稼動を実現します。

❷仕分け装置

　生産性の向上には、連続加工後の大量のミクロジョイントを外す作業や、部品を関連付けて仕分けする作業もボトルネックになります。そのため、ミクロジョイントを付加せずに、加工ごとに部品を取り外して並べていく仕分け装置

も開発されています。

❸切断以外の例

　溶接や熱処理ではロボットによる自動化システムが盛んですが、ワークの位置決めや個別形状を認識させる機能が重要になります。高生産性が要求される穴あけでは、ローディング／アンローディング装置が標準装備されています。

図 1-3-14 | 作業の効率化

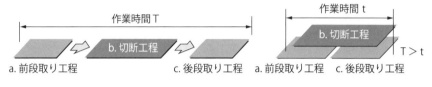

①直列作業による工程　　　　　　②並列作業による工程

図 1-3-15 | 切断における自動化システム

①パレットチェンジの棚システム　　②シートチェンジの棚システム

③パレットとシートチェンジ　　　　④倉庫付きシステム
　兼用の棚システム

要点 ノート

ファイバレーザによる加工速度の向上は、作業時間に占める前段取り工程と後段取り工程の割合を際立たせました。そのため、ファイバレーザを導入する際に、自動化システムを装着する割合は大幅に増えています。

工程管理

　製品の品質、コスト、数量を所定の納期で生産するための管理を行う工程管理は、加工機の能力と同様に生産性を高める重要な業務になります。特に、納期を厳守することを目的として、生産計画に基づいて各作業工程が予定通りに進んでいるかの管理は、重要なテーマです。

❶板金加工における作業の流れ

　図1-3-16には、注文を受けてから出荷までの作業の流れを示します。注文を受けると生産計画を立て、板金工程に生産の指示を出し、次に実加工工程で板金加工の具体的な指示を出します。その段階で加工データの作成を行い、コストや納期の詳細データも算出します。その後、加工の進捗状況を確認しながら加工を実施し、加工後に実績を上流の工程に報告して最後の出荷に至ります。

　この流れの中で、人とモノ、作業の進捗などの情報をタイムリーに入手し活用することが、生産性を向上させるポイントとなります。

❷作業工程で発生する課題

　レーザ加工のように多品種少量から大量生産までの全てに対応し、かつ短納期が要求される加工方法での課題は、情報の入手が滞ると図1-3-17の例に示すような工程での作業に支障をきたす可能性がでてきます。

　このような課題への従来の対応として、ホワイトボードを活用した作業指示やエクセル表を使った電子化などが行われていました。しかし、人的なミス、ルールの不徹底、会議が減らない、会議時間が長いなどの別の課題を招くこととなり、最終の対策に至っていないのが実態でした。

❸汎用の工程管理ソフトウェアとIoT

　この課題を解決するために、様々な工程管理ソフトウェアが提案されています。初めて生産管理ソフトウェアを導入する場合、図1-3-18に示す事項の検討が必要となります。作業現場のIoT化を推進し、必要な情報を入手し、その情報を効果的に活用することを工程管理の基本とします。

　・導入費用をローコストにすること
　・設備のアップデートを予定すること

・既存の設備をレトロフィットすること
・完全な自動化ではなく、ハンドメイド（手作業）を活かすこと
・「まずはできることから」のスモールスタートにすること

図 1-3-16 板金作業の流れ

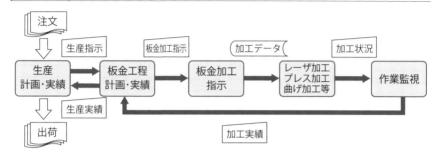

図 1-3-17 工程で発生する課題の例

工程	課題の例
生産の計画・実績	大量の注文書の山で、納期に間に合う計画が立てられない
板金工程の計画・実績	板金作業をどのような順番で行えば、設備を有効活用できるかわからない
板金加工指示	歩留まりが悪く、材料コストが多く掛かる
作業監視	作業がどこで停滞しているのか、現場で確認しなければならない

図 1-3-18 工程管理ソフトウェアと IoT の活用

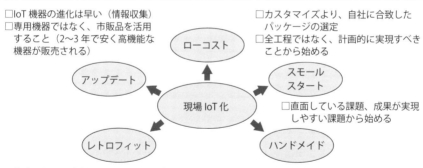

□IoT機器の進化は早い（情報収集）
□専用機器ではなく、市販品を活用すること（2～3年で安く高機能な機器が販売される）

□カスタマイズより、自社に合致したパッケージの選定
□全工程ではなく、計画的に実現すべきことから始める

□直面している課題、成果が実現しやすい課題から始める

□自動化されたデジタル機器とアナログ機器を分ける
□アナログ機器には多くを望まず、取れる情報だけ取る
□場合によってはアナログ機器は人の目と耳で管理する

□現場作業者のアイディア（知恵）を活かす
□手作業に価値・ノウハウがあるものはムリに自動化しない（その会社のいい伝統／社風・企業イメージなど）

要点 ノート

工程管理のメリットは4点です。①契約の品質と生産性を保つことで顧客満足度を向上させる、②作業で発生する無駄なコストを削減する、③正確な生産量の把握が在庫管理を容易にする、④従業員満足度が向上する。

コラム

● レーザ発明の歴史 ●

　レーザが初めて発振されるまでには、多くの学者による研究がありました。レーザ光の歴史に大きな影響を与えた主な人物を紹介します。

■アルバート・アインシュタイン（ドイツ、のちにアメリカ）

　電子が1個の光量子を放出すると、その光量子は吸収されずに同じエネルギーの光量子を増やして2個になる誘導放出の原理を提唱しました。

■チャールズ・H・タウンズ（アメリカ）

　マイクロ波を使って、アンモニアガスの分子を励起することで、最初の誘導放出を成功させ、この現象をメーザと命名しました。

■ニコライ・G・バソフ（旧ソ連）

　レーザ研究の業績が認められてノーベル物理学賞を授与されました。

■アーサー・L・ショーロー（アメリカ）

　レーザの基本原理に関するアメリカでの最初の特許取得と、原子や分子の性質に関するレーザ光を用いた研究を行いました。

■ゴードン・グールド（アメリカ）

　レーザ装置の原形を設計し、これをレーザと命名。レーザ光を集光して金属加工することも提案しました。

■セオドア・H・メイマン（アメリカ）

　1960年に人類発のルビー結晶を用いたレーザを発振させました。当時、研究者の多くはルビーによる発振は困難とし、気体材料による発振研究が主流でした。ルビーレーザの誕生は、以後のレーザ研究の発展を大幅に加速し、多種多様のレーザを実現させる契機となりました。

　アポロ宇宙船の飛行士が月面に設置した反射鏡に向けてルビーレーザのパルスを発射し、これが戻ってくるまでの時間を精密に測定することで地球上の地点と月面までの距離を誤差1m以下の精度で決定したことは私たちの記憶に新しいところです。

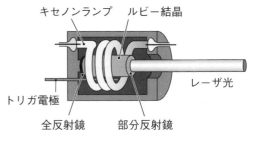

ルビーレーザ発振器の原理

【 第**2**章 】

レーザ加工における
段取りの基礎知識

加工に影響を及ぼす要因

　各種レーザ加工において加工能力を高めるためには、加工性能に影響するレーザ光のエネルギー密度やアシストガスなどの多くの要因をそれぞれ適正に制御することが求められます。**図2-1-1**には集光光学系に加工レンズを使用した場合の加工に影響を及ぼす要因を示します。

❶レーザ光に関する要因

　出力形態には、レーザ光を連続して出力するCW発振と、オンとオフとを繰り返すパルス発振があります。レーザの発振媒質によって決まる波長は、レーザ光の集光特性やワークのビーム吸収特性に影響します。出力はエネルギーの大小、デューティは1パルス時間当たりのビームオン時間の比率、周波数は1秒間のパルス発振回数、ビームモードはエネルギーの強度分布を示します。1パルス幅を極端に短くした超短パルスレーザでは、非熱加工が可能です。

❷加工レンズに関する要因

　焦点距離はレンズ位置から焦点位置までの距離を示し、焦点位置でのスポット径と焦点深度に影響を及ぼします。加工レンズのタイプには収差の発生を抑える非球面レンズ（メニスカスレンズ）と、一般的な平凸レンズがあります。

❸焦点スポットに関する要因

　スポット径はレンズ仕様によって決まり、短焦点レンズほどその径は小さくなります。焦点位置は、焦点スポットのワーク表面に対する相対位置を示し、上方をプラス、下方をマイナスと定義しています。焦点深度は、焦点近傍でスポット径に近いビーム直径の得られる範囲を示します。

❹ノズルに関する要因

　ノズル径は、ワークの蒸発・溶融挙動や加工部のシールド性に影響を及ぼします。ノズルの先端形状は、あらゆる加工方向への加工性能を均一にするために円形であり、ノズルとワーク表面との位置関係は常に一定状態を維持し、その間隔はできるだけ狭く設定することが求められます。

❺アシストガスに関する要因

　アシストガス圧は、レーザ光で溶融された金属の切断溝内からの排出作用に影響を及ぼします。ガス種類は加工品質や加工能力に影響しており、切断では

酸素ガスの燃焼作用と窒素ガスの無酸化切断、溶接や熱処理では加工部のシールド性に対応して選択されています。

❻ワークに関係する要因

　光エネルギーの消費に影響する材質や板厚と、安定したビーム吸収のための表面状態、熱集中の影響を受けやすい加工形状が要因です。さらに、溶接では継手形状の要因も加わります。

図 2-1-1　加工に影響を及ぼす要因

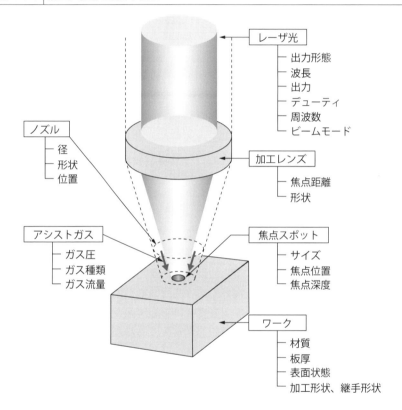

レーザ光
- 出力形態
- 波長
- 出力
- デューティ
- 周波数
- ビームモード

ノズル
- 径
- 形状
- 位置

加工レンズ
- 焦点距離
- 形状

アシストガス
- ガス圧
- ガス種類
- ガス流量

焦点スポット
- サイズ
- 焦点位置
- 焦点深度

ワーク
- 材質
- 板厚
- 表面状態
- 加工形状、継手形状

要点 ノート

加工性能には多くの要因が関係しますが、現状の加工機には、データベースに基づき各要因の適正値が登録されています。しかしユーザ固有の様々な加工対象への対応には、加工要因に関する知識習得が重要です。

切断の基本特性

レーザ切断は切断溝幅が狭く、**図2-1-2**に示すような高精度の切断のできる特長があります。しかし、切断溝幅が狭いために生じる課題もあるため、アシストガスを効果的に活用した加工品質や加工能力の向上を図っています。

❶レーザ切断の原理

レーザ光のエネルギーだけでは、レーザ切断の能力は極めて限定されます。酸素ガスによる酸化反応の利用や、高圧の窒素ガスによる溶融金属を切断溝から排出する力を利用することで切断能力は大幅に向上します。**図2-1-3**には、軟鋼材料に対して1kWの同一出力での切断能力と溶接能力の比較を示します。溶接のアシストガスはアルゴンガスであり、圧力は0.01Mpa以下の設定のため、ビード表面の酸化防止などの品質向上に寄与しますが、加工能力向上へは作用しません。図からは、切断の酸素アシストガスによって板厚や速度の加工能力は、溶接に比べ約5倍に拡大しています。

図2-1-4の切断面粗さに示すように、切断面上部にある約2mm幅の比較的良好な切断面粗さの範囲を第一条痕と定義し、その下のやや粗い切断面粗さの範囲を第二条痕と定義します。第一条痕はレーザ光のエネルギーを主体として加工される領域であり、第二条痕は上部（第一条痕）の溶融金属を熱源として酸素ガスによる酸化反応や、高圧窒素ガスによる溶融金属の流れを主体として加工される領域です。そのため、切断速度が大きくなるほど、また加工板厚が大きくなるほど、第二条痕部のドラグラインは加工の後方に遅れます。

❷レーザ切断の特長

微小スポット径で高エネルギー密度に集光されレーザ光は、既存の加工法に比べて以下に示す特長があります。

- ・狭い切断溝幅で加工できるため、熱影響を少なくした複雑で微細な形状を高速に加工できる
- ・非接触の加工のため、刃物や金型で切断する接触加工と比較すると、ワークを傷つけず、変形やクラックによる破損を抑えた加工が可能
- ・材料への歩留りのよいネスティング（材料への加工品の割り付け）が容易であり、材料費が節減できる

・加工中の騒音・振動が比較的少なく、工場周辺への環境対策に有効

図 2-1-2 | レーザ切断のサンプル

SS400・16mm

SUS304・12mm

①SS400 と SUS304 の切断サンプル

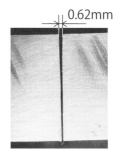

0.62mm

②SUS304・12mmの切断溝幅

図 2-1-3 | 切断と溶接の比較

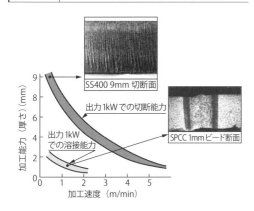

SS400 9mm 切断面

出力1kWでの切断能力

出力1kWでの溶接能力

SPCC 1mmビード断面

加工能力(厚さ)(mm)

加工速度(m/min)

図 2-1-4 | レーザ切断面

進行方向　酸素ガス

第一条痕
第二条痕

酸化燃焼反応

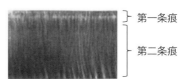

第一条痕

第二条痕

SS400・16mmの切断面

要点 ノート

レーザ切断の基本は、切断幅の形成される狭い範囲内に、ワークを蒸発・溶融させる熱を閉じ込めることです。そのためには、切断溝の周囲に過度な熱が拡散しないようにレーザ光特性やアシストガス流れなどを最適にします。

溶接・熱処理（焼入れ）の基本特性

　レーザ溶接と焼入れは、加工領域が狭く**図2-1-5**に示す高速で高精度な加工のできる特長があります。レーザ切断との違いはアシストガスの役割が加工部のシールド程度に限定されることであり、加工能力の大部分はレーザ光の要因によって決定されます。

❶レーザ溶接・熱処理（焼入れ）の原理

　レーザ溶接では、金属表面にレーザ光を集光して過熱することで、瞬時に溶融が起こり、プラズマ化した金属の蒸発反力（膨張力）で溶融池に凹みが生じます。この凹みはキーホールと呼ばれ、照射したレーザ光はキーホールの内壁で多重反射を繰返してキーホールの底部に集光し、キーホールはさらにレーザの照射方向へと成長を続け、その周囲に溶融層を形成します（**図2-1-6**）。このキーホールがレーザ光の進行に合わせて移動すると、溶融金属はキーホールの周囲を流れて溶融金属の後部で凝固します。これが連続することで、連続した溶接部を得ることができるのです。また、**図2-1-7**に示すようにレーザ光のエネルギー密度を低下させて、キーホールを発生させずワーク表面を溶融させて凝固させる熱伝導型の溶接も可能です。この加工は、広いビード幅が要求される溶接や薄板のスポット溶接、クラッディングに使用します。

　レーザ焼入れは、レーザ光の照射面からの加熱によるオーステナイト変態と、ワーク内部への冷却によるマルテンサイト変態を起こして硬化します。

❷レーザ溶接・熱処理（焼入れ）の特長

　レーザ溶接や焼入れは、高密度エネルギーによる局所加熱、および人為的なコントロールが容易であるため、既存方法と比較して以下の特長があります。

- ・高速かつ低入熱な加工ができ、かつ局部加熱が可能であるため、熱ひずみが少なくなる
- ・加工の熱源が光なので、電流や電圧、磁力などの影響が少なくなる
- ・レーザ光は微小スポットに集光することができるので、微細加工や融点の異なる異種材料の溶接が容易
- ・ロボットとの組み合わせや、ライン化などの自動化が容易
- ・非接触加工ができるので、電極メンテナンスなどが不要

図 2-1-5 | レーザ溶接のサンプル

①筐体板金のかど継手溶接
（SUS304・2 mm）

②パイプとベース板のすみ肉溶接
（SUS304・1 mm）

図 2-1-6 | キーホール型溶接の原理

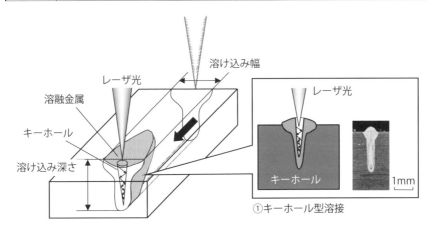

①キーホール型溶接

図 2-1-7 | 熱伝導型溶接の原理と適用事例

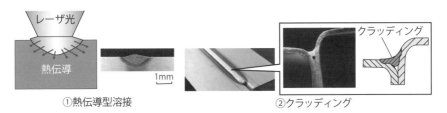

①熱伝導型溶接　②クラッディング

要点 ノート

レーザ溶接の特長が発揮される加工対象は、キーホール溶接の原理が該当する溶融幅が狭く、深溶け込みが要求されるワークです。滑らかな溶接部表面や焼入れ要求には CW 条件、より低入熱の要求にはパルス条件を用います。

穴あけの基本特性

　レーザ穴あけは、**図2-1-8**に示すプリント基板の様々な樹脂や複合素材に対して小径の穴加工が高速で行えます。加工素材はフィラーの入ったエポキシ系樹脂やポリイミド系樹脂、ガラス繊維の入ったエポキシ系樹脂、さらにその表面に銅箔が貼り合わされた複合材、セラミックスなどがあります。

❶レーザ穴あけの原理

　レーザ穴あけには、UVレーザ発振器や高ピーク短パルスのCO_2レーザ発振器を使用します。高ピーク短パルスとは、瞬時に高いパワーのパルスを発振することです。低ピークで長パルスのレーザでは素材の分解に時間が掛かるため、穴周辺にまで加工の熱が広がり、樹脂が大きく溶けて加工品質を低下させます。また、複合材の加工では、融点の異なる材料を同時に溶融・蒸発させる加工能力が求められることから、高ピーク短パルスのレーザが必要不可欠になります。

　図2-1-9には、高ピーク短パルスと低ピーク長パルスのレーザとで、複合材の銅箔付きのガラスエポキシ樹脂を加工した比較を示します。通常、銅はレーザ光の反射率が高いため加工が難しくなりますが、高エネルギー密度を集中させる高ピーク短パルスは穴あけを容易にします。その他にも、穴の表面に溶融した銅がスパッタとして付着する状態や、穴壁面のガラス繊維の突き出し状態など、全ての加工品質に高ピーク短パルス条件による加工の効果が認められます。

　レーザ光の照射は、高生産の要求に対応して**図2-1-10**に示すガルバノミラーをスキャンさせて加工します。ガルバノミラーはNC制御装置からの指令値に基づいて、決められた角度に位置決めされます。レーザ光はfθレンズに導かれてワーク上で集光され、加工に必要なパルス数を照射して穴あけを行います。

❷レーザ穴あけの特長

　レーザ穴あけの用途としては、高速で高精度な穴あけが必要なプリント基板や電子部品の穴あけに用いられます。従来方法であるドリルによる穴あけと比較すると以下に示す特長があります。

・直径が100 μm以下の微細な穴径の対応が可能であり、プリント基板の小型化や高密度化への対応に効果的
・高エネルギー密度熱源のため、セラミックス材料の基板加工も可能
・非接触加工のため、フレキシブル基板にも高精度な加工が可能
・非接触加工のため、磨耗により生じる消耗品はない
・加工パターンの変更が容易に行えるため、工程数の削減が図れる

図 2-1-8 | 穴あけサンプル

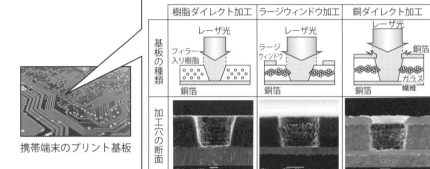

図 2-1-9 | 高ピーク短パルスレーザの効果

図 2-1-10 | 穴加工の方法

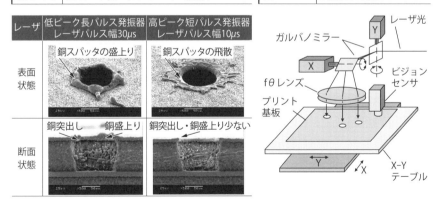

要点 ノート

加工特性の異なる材質（複合素材）を同時に穴あけするには、高ピーク出力で短いパルス幅のレーザ光照射が必要です。さらに加工ばらつきを低減するためには、あえてレーザ光のエネルギーを分割して複数回照射を行います。

レーザ光の集光特性とは

　加工レンズの焦点距離によってレーザ光の焦点スポット径と焦点深度が異なるため、焦点距離は加工特性に大きな影響を及ぼします。通常、加工機には各種焦点距離の加工ヘッド（レンズ）交換機能や、焦点距離の無段階変化が可能なズーム機能が付いています。加工性能を最大限に引き出すためには、その集光特性を十分に理解して最適な光学部品を選択する必要があります。加工レンズによるビームの集光特性は次の式で示すことができます。

　　　スポット径　　$2\omega_0 = 4f\lambda M^2/\pi D$

　　　焦点深度　　　$Z_d = 2\pi\omega_0^2/\lambda M^2$

　ここで、fはレンズ焦点距離、Dはレンズ入射ビーム径、λは波長、M^2はビーム品質を表すパラメータです。図2-2-1に示すように、fの大きな①長焦点レンズ（f10"）では集光スポット径$2\omega_0$と焦点深度Z_dは大きくなり、②短焦点レンズ（f5"）ではどちらも小さくなります。CO_2レーザより波長λの短いファイバレーザでは、スポット径$2\omega_0$が小さくなり、焦点深度Z_dも小さく（浅く）なります。

❶切断への影響

　切断溝内から溶融金属の排出が容易な薄板の切断では、スポット径を小さくして高エネルギー密度による溶融作用を優先する短焦点レンズが適しています。厚板の切断では、切断溝内の溶融金属の湯流れを良好にする切断溝幅の拡大と、板厚方向に高エネルギー強度を維持できる大きな焦点深度を優先する長焦点レンズが適しています（図2-2-2①）。

❷溶接、熱処理（焼入れ）への影響

　薄板の高速溶接には溶融能力を優先した短焦点レンズが適しており、厚板の深溶け込み溶接には板厚方向へのキーホールを進展させる大きな焦点深度を優先する長焦点レンズが適しています（同図②）。また、高出力のレーザ発振器による溶接や熱処理では、レンズの受ける熱負荷が大きくなるため、金属ミラーによる集光光学系を使用します。

　焼入れには、ワーク表面でのレーザ光エネルギー密度の均一化と、ワーク形状に対応したエネルギーの適正分布を優先した集光特性を選択します。

❸穴あけへの影響

　小径加工の要求には、集光性の高い短焦点レンズが適しますが、移動ステップ当たりの有効加工範囲が狭くなります。一方、生産性の要求には広域加工に有効な長焦点レンズが適しますが、穴径は大きくなります（同図③）。

図 2-2-1　加工レンズ集光特性

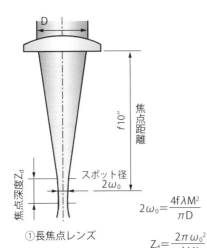
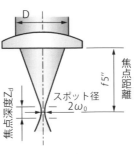

①長焦点レンズ

②短焦点レンズ

$$2\omega_0 = \frac{4f\lambda M^2}{\pi D}$$

$$Z_d = \frac{2\pi \omega_0^2}{\lambda M^2}$$

$2\omega_0$　：スポット径（ω_0：スポット半径）
λ　：レーザ光の波長
f　：レンズの焦点距離
D　：レンズに入射するビーム直径
M^2　：ビームパラメータ

図 2-2-2　集光特性の表現

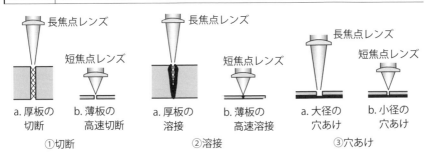

長焦点レンズ　　　短焦点レンズ
a. 厚板の　　　b. 薄板の
　切断　　　　　高速切断
①切断

長焦点レンズ　　　短焦点レンズ
a. 厚板の　　　b. 薄板の
　溶接　　　　　高速溶接
②溶接

長焦点レンズ　　　短焦点レンズ
a. 大径の　　　b. 小径の
　穴あけ　　　　穴あけ
③穴あけ

要点｜ノート

レーザ光の集光スポット径は、ワークを溶融・蒸発させる能力を決定するエネルギー密度に関係します。焦点深度は、ワーク内部でのレーザ光の伝搬に影響する誘導路（切断溝やキーホール）の形成に関係します。

切断における集光特性の影響

　レーザ光の集光特性は、切断溝の幅やテーパ、切断面粗さ、ドロスの付着状態、切断速度など、ほぼ全ての切断性能に影響を及ぼします。

❶加工レンズ焦点距離

　切断溝内で発生する溶融金属挙動の加工品質への影響が少ない薄板切断では、小スポット径で高エネルギー密度の得られる短焦点レンズは、薄板の高速切断に効果を発揮します。また短焦点レンズによる狭い切断溝幅は、溶融金属の発生量を減少させ、低入熱加工が必須条件である微細加工も有利にします。

　厚板の加工では切断溝内の湯流れを最適にするために、切断溝幅を広げる必要があります。大きな焦点深度は、切断溝内での板厚下部に向かってレーザ光のエネルギー強度を高い状態で維持し溶融能力を高めます。これらより、長焦点レンズが厚板切断に効果を発揮します。同時に、長焦点レンズは加工位置とレンズとの距離が大きくなるため、レンズ汚れを防ぐ効果もあります。

❷焦点位置

　焦点位置は、ワーク表面でのスポット径やワーク内部へのレーザ光の入射角度を変化させ、切断溝の形成や溝内でのレーザ光の多重反射作用に影響します。その結果、切断溝内でのアシストガスや溶融金属の流れ状態にも影響します。図2-2-3には焦点位置Zとワークの上部切断溝幅Wの関係を示します。ここで、ワーク表面に焦点がある状態はZ＝0、焦点位置を上方にずらす場合は「プラス」、下方にずらす場合は「マイナス」として、ずらし量をmm単位で表します。焦点位置Z＝0でワークの上部切断溝幅Wが最小になり、焦点が上下どちらにずれても上部切断溝幅Wは広がります。また、短焦点レンズほど、焦点位置の変化にともなう上部切断溝幅の変化は大きくなります。

　図2-2-4は、加工対象と加工に最適な焦点位置Zとの関係を示します。Z＝0では、ワーク表面で最も高いエネルギー密度が得られ、溶融範囲が狭くなるため、薄板の高速切断や高精度切断に適します。Z＞0では、ワーク表面幅や板厚内部の切断溝幅を広げる作用が働くことから、アシストガスに酸素ガスを使う軟鋼の厚板切断に適します。Z＜0では、ワーク表面の幅が広がり、板厚方向の内部に向かってレーザ光の広がりが抑えられ溶融能力を増すため、アシス

トガスに窒素ガスを使う無酸化切断に適します。

図 2-2-3 焦点位置と上部切断溝幅の関係

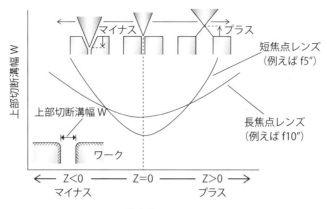

図 2-2-4 加工対象に応じた焦点位置の設定

焦点位置		特　徴	適　用
①Z＝0	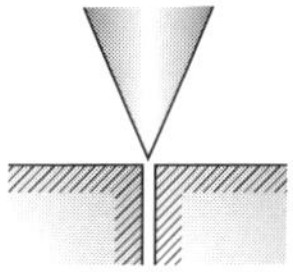	切断溝幅が最も狭く、精度の高い加工が可能である。	・テーパ度を少なくする加工 ・面粗度を良好にする加工 ・高速度加工 ・熱影響を少なくする加工 ・微細加工
②Z＞0	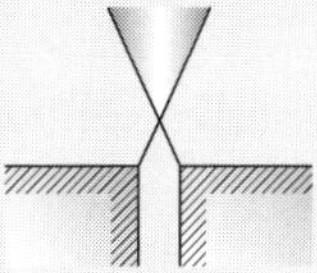	切断溝下部の幅を広げ、ガスの流れや溶融物の流動性をよくする。	・厚板のCW、高周波パルス加工 ・アクリルの加工 ・ダイボードの加工 ・タイルの加工
③Z＜0	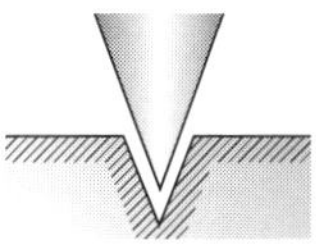	切断溝上部の幅を広げ、ガスの流れや溶融物の流動性をよくする。	・Aℓのエアー切断 ・Aℓの窒素切断 ・ステンレスのエアー切断 ・ステンレスの窒素切断 ・亜鉛メッキ鋼板のエアー切断

要点 ノート

レーザ切断では、ワークの材質や板厚に応じて、最適な加工レンズ焦点距離の選択と適正な焦点位置設定が必要です。これらは溶融作用と、切断溝内で発生する溶融金属の溝内からの排出作用を最適に行うためです。

溶接と熱処理（焼入れ）における集光特性の影響

　集光スポットや焦点位置は、溶接と焼入れでも加工能力に大きく影響します。

❶最適な焦点位置の設定

　図2-2-5には、溶接での焦点位置とキーホール生成の関係を示します。①のZ＞0ではワーク表面でのレーザ光のエネルギー密度が低下し、キーホールの生成が制限され熱伝導型のビードとなります。②のZ＝0ではワーク表面でのエネルギー密度は最も高くなります。しかし、キーホールが板厚内部に進展するほど、キーホール底部は集光スポット位置から離れるため、エネルギー密度は低下し、キーホールは大きく成長しません。③のZ＜0ではキーホールの進展に合わせて、キーホール底部は焦点スポット位置に近付くため、エネルギー密度は増加し、キーホールは成長します。

　図2-2-6は出力1kWの低出力での裏波発生（ワーク裏面溶融）限界の速度であり、Z＝0近傍で最も高速度の条件が得られています。また、**図2-2-7**は出力の3kWと5kWの高出力での溶け込み特性であり、Z＜0で溶け込みが深くなります。一般に、高出力あるいは低速度の加工条件では、ワーク表面でのエネルギー密度が十分確保できるため、キーホールの成長するZ＜0の設定により溶接特性は向上します。

❷集光光学系の選定

　図2-2-6は、低出力の1kWでの溶接能力へ及ぼす焦点距離の影響も示しており、f7.5"レンズよりもスポット径が小さくなるf5"レンズでの溶接速度が大きくなります。**図2-2-8**は、高出力の5kWでのレンズ焦点距離と溶け込み特性の関係を示します。溶接速度が5 m/min以上の高速度域では短焦点レンズ（f5"）での溶け込みが大きくなり、4 m/min以下の低速度域ではキーホールを成長させる長焦点レンズ（f10"）での溶け込みが大きくなります。

　低出力条件や高速度の要求では、高エネルギー密度を優先した短焦点レンズが適し、高出力条件による深溶け込みの要求では、キーホールの生成を優先した長焦点レンズが適しています。

❸焼入れでの集光光学系の選定

　焼入れ幅や硬化層深さは、ワーク表面でのレーザ光のエネルギー分布で変化します。加工対象に合わせた照射面でのエネルギー分布の最適制御や、加工部の温度フィードバックで発振器出力の制御が行われています。

図 2-2-5	キーホール生成と焦点位置の関係

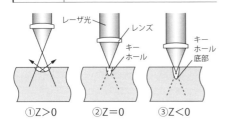

図 2-2-6	低出力での溶接特性

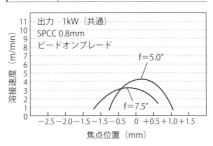

図 2-2-7	大出力での溶接特性

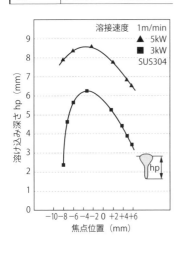

図 2-2-8	溶接速度に対応した最適集光特性

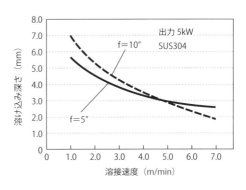

要点　ノート

深溶け込み溶接にはキーホールの生成を優先、薄板の高速溶接にはエネルギー密度の増加を優先した集光特性が求められます。レーザ焼入れではワーク表面での均一なエネルギー分布を優先した集光特性が求められます。

穴あけにおける集光特性の影響

　穴あけでは、小径の穴径ができること、異なる穴径が混在すること、複合素材への対応ができること、生産性が高いことなどの要求に応える集光特性が求められます。また、レーザの種類に応じて、集光スポット部のエネルギー密度に過不足が生じるため、最適な集光特性を使い分けています。

❶穴あけ加工での光学系

　比較的大きなエネルギー密度の得られるCO_2レーザは、**図2-2-9**に示す結像光学系（転写光学系）を用います。発振器から出射されたレーザ光のビーム径Dは、加工に最適な部分のみをマスクで取り出され、ビーム径M1に変更されます。加工点でのビーム径d2は、マスクからの加工レンズまでの距離aと加工レンズから集光点までの距離bによって、下記の関係で表されます。

$$d2 = M1 \times \frac{b}{a} \qquad \frac{1}{f} = \frac{1}{a} + \frac{1}{b}$$

　加工要求に合わせた穴径が得られるビーム径を自動的に得られるように、マスク径M1は可変制御が可能な機構になっています。加工は、レーザ出力、パルス周波数、ショット数を最適に設定し、加工穴に成形されたレーザ光をそのまま照射するパンチング方式で行います。

　レーザ出力が小さなUVレーザでは、エネルギー密度を高めるために、集光スポット径d1を小さくする必要があり、**図2-2-10**に示す加工レンズによる固定集光学系を用います。しかし、スポット径は要求の穴径に対して小さいため、穴加工は連続してレーザ光を重ね照射するトレパニング方式で行います。

❷焦点位置

　一般的な穴加工では焦点位置をワーク表面に設定しますが、表面層の高反射材の銅箔（Cu）とポリイミド（PI）樹脂の複合材の加工では、**図2-2-11**に示すように加工工程に合わせて焦点位置を変化させます。行程①では、高エネルギー密度が得られるように微小スポット径に集光した焦点位置をワーク表面に設定し、トレパニング方式により要求穴径になる加工を行います。工程②では、PI加工のために焦点位置を上方にずらしワーク表面でのビーム径を広げて、パンチング方式や穴径が大きな場合はトレパニング方式で加工します。こ

こでのディフォーカスは、穴底の銅箔へ照射されるレーザ光のエネルギー密度を低下させて、ダメージを少なくする効果もあります。

図 2-2-9 | 結像（転写）光学系

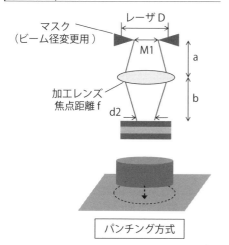

パンチング方式

図 2-2-10 | 固定集光光学系

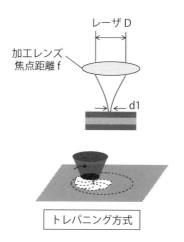

トレパニング方式

図 2-2-11 | 複合材の加工

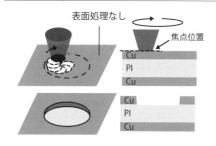

①焦点位置を銅箔（Cu）表面に合わせて加工

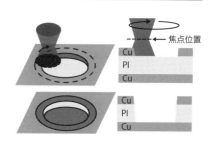

②焦点位置を上方にずらして加工

要点 ノート

穴あけでは、発振器出力と集光特性、および穴径に応じて、パンチング方式とトレパニング方式との使い分けが基本です。しかし加工方式の選定には、加工時間の短縮や加工穴端面の品質向上なども考慮した判断が必要です。

アシストガスの役割

　ノズルからレーザ光と同軸状に噴射するアシストガスは、加工性能を高め、光学部品を保護するなどの重要な役割を果たします。

❶加工性能を高める役割

　ノズルから噴射されるアシストガスは、加工内容と加工材料によって、ガスの種類や、その制御方法が異なります（**表2-3-1**）。

　切断では、酸素ガスを用いた金属加工には、酸化反応を誘発させて、加工速度の向上や加工対象の板厚を拡大させる効果があります。しかし切断面には酸化膜が発生するため、それを防止するために窒素ガスを使用する無酸化切断がステンレスの切断を中心に普及しています。また、アシストガスのコスト削減を図るために、エアーを使用した薄板切断も行われます。チタンの切断では切断面の酸化や窒化を防止するために、アルゴンガスが使用されます。

　溶接や焼入れでは、加工部の高温金属が大気と触れて酸化することを防止するシールドの目的で、アルゴンガスが使用されます。クラッディングでは粉末を運ぶキャリアガスとシールドガスとしてアルゴンガスが使用されます。

　以上の各種アシストガスの制御は、比較的高圧力の使用条件では圧力制御を行い、低圧力の使用条件では流量制御を行います。なお、穴あけでは加工へのアシストガスは使用していません。

❷光学部品の保護としての役割

　レーザ光を照射した金属表面では、急激な温度上昇によるスパッタ（飛散した溶融金属）やヒューム（金属蒸気）が発生したり、非金属の切断では煙が発生したりします。その発生物がレーザ光を遮ったり、加工レンズや保護ガラスを汚したりします。加工ヘッドの構造は**図2-3-1**に示すように、アシストガスを加工レンズの下に導き、加工レンズ側からノズルを通して噴射するため、発生物の加工ヘッド内への侵入を防ぎます。

　さらに、二重構造のノズルは、外ノズルからのガスで内ノズルから噴射するアシストガスの流れを保護します。軟鋼の厚板切断では、切断中の加工領域に周囲のエアーが混入し切断性能を低下させていましたが、**図2-3-2**に示すように、外ノズルからの酸素ガスはエアーの侵入をシールドして、加工部の酸素純

度を高い状態に維持する役割を担います。また、二重ノズルでの外ノズルのガスが内ノズルからのガス流を集束させて切断溝内へ導くことにより、ガス使用量を削減させる効果もあります。

表 2-3-1 | 加工とアシストガスの種類

加工内容	加工材料	ガス種類	制御方法
切断	軟鋼・ステンレス	酸素・エアー・窒素	圧力
切断	アクリル	エアー・窒素	流量
切断	チタン	アルゴン	圧力
溶接	軟鋼・ステンレス	アルゴン・ヘリウム	流量
焼入れ	工具鋼	アルゴン	圧力
クラッディング	ステライト粉末	アルゴン	流量

図 2-3-1 | 加工ヘッドの構造

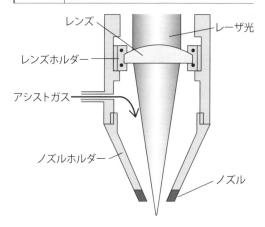

図 2-3-2 | 二重ノズルによる保護

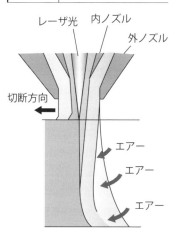

要点 ノート

アシストガスの役割は、レーザ加工能力や加工品質を高めることです。そのワークへの供給はノズルからのレーザ光と同軸状の噴射であり、加工部で生じるスパッタやヒュームをレンズに付着させない汚れ対策にもなります。

アシストガス流れの基本的な特性

　ノズルからのアシストガス噴射では、周囲流体の巻き込みによるガス濃度の低下や、噴射口からの距離に応じて流速とガス圧力の低下が加工性能に影響します。

❶ガス濃度の低下

　図2-3-3は、ノズルからの噴射ガスの濃度がノズル出口から離れるに従って低下する状態を示します。これはノズルからのガス噴出が、周囲の流体（空気）を巻き込むためです。図においてC_0はノズル内のガス濃度、Cはノズルから離れた各位置でのガス濃度を示し、図中では濃度の比率としてC/C_0で示します。$C/C_0 = 1$は、ノズル内のガス濃度が保たれる範囲であり、ノズル先端からのわずかな距離に限定されています。特に軟鋼の厚板切断では、燃焼作用が切断現象加工の基本となるため、酸素ガス濃度のわずかな低下でも切断品質を悪化させるため注意が必要です。

❷ガス圧力の低下

　ノズルからガスが噴出した後の流れは、**図2-3-4**に示すように周囲流体に引きずられて、中心部の大きな流速から半径方向に小さな流速の分布になります。ノズル内の圧力がノズルから噴出された後も保たれる領域であるポテンシャルコアの長さはノズル径に比例します。厚板ステンレス切断での裏面へのドロス付着の防止には、切断溝内で高いアシストガス圧を確保するため、大口径ノズル径を用いてポテンシャルコアの領域を広げます。

　図2-3-5は、直径1.5 mmのノズルから噴出されるアシストガスの圧力を測定した結果です。①はノズル先端から垂直方向に11 mmの距離まで圧力を測定した結果です。ノズル内圧力は0.12 MPaに設定してあり、ノズル先端からの距離が0.5 mm以内では、0.1 MPa以上に圧力が保たれていますが、それ以上に距離が離れると急激に圧力は低下しています。②はノズル下1 mmの距離で水平方向に圧力を測定した結果です。ノズル半径の0.75 mmの範囲内では、圧力が0.07 MPaに保たれていますが、それ以上にノズル中心から離れると、圧力は急激に低下しています。

　このように、ノズルから噴出するアシストガス特性を認識することで、酸素

ガスのシールド効果を期待する加工や、窒素ガスなどの高圧ガス条件で溶融金属の除去を期待する加工などにおいて、最適な加工を行ってください。

| 図 2-3-3 | ノズルから噴射するアシストガス濃度の変化（ガス噴流の等濃度線） |

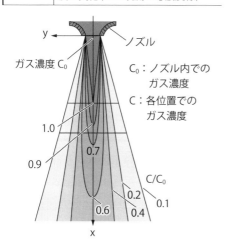

C_0：ノズル内での
ガス濃度

C：各位置での
ガス濃度

| 図 2-3-4 | ノズルからの噴流とガス速度分布 |

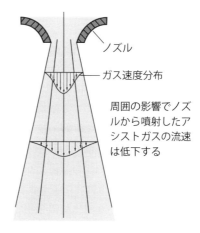

周囲の影響でノズルから噴射したアシストガスの流速は低下する

| 図 2-3-5 | アシストガスの圧力分布 |

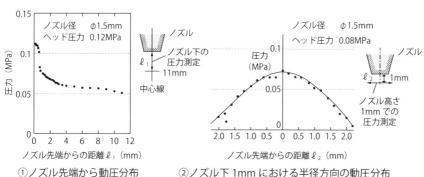

①ノズル先端から動圧分布

②ノズル下1mmにおける半径方向の動圧分布

要点 ノート

加工へ影響するアシストガスは、特に狭い溝幅にガスを流す切断において高い制御性が求められます。ガスがワークとの衝突噴流になる加工部では複雑なガス挙動になるため、ノズル特性を維持するメンテナンスも重要です。

アシストガスと加工の関係

ここでは、加工に適正なアシストガス条件の設定について解説します。

❶切断でのアシストガスの影響

　高圧の窒素ガスによる無酸化切断において、アシストガスの影響を受ける加工品質は、**図2-3-6**に示す厚板ステンレスの切断でのワーク裏面へのドロスの付着です。適正なノズル選択と適正なアシストガス条件の設定には、このドロスを少なくすること、およびアシストガス流量を減らしてランニングコストを低減させることが求められます。無酸化切断では、板厚が大きくなるほど切断溝から溶融金属の強力な排出が必要なため、アシストガス圧の高圧設定と同時にガス流の乱れを抑えてガス消費量を削減するノズル構造を採用しています。

　酸素ガスによる酸化反応を利用した軟鋼の切断では、厚板の切断においてアシストガス圧力を高めると、バーニング（セルフバーニング）を発生させて切断溝幅が大きく広がります。また、厚板の切断面品質は酸素純度の影響も受けやすく、わずかな純度の低下でも切断面の中央部から下部にかけて切断面粗さが悪化します。その対策として、切断溝内の燃焼作用による熱量を板厚方向（縦方向）へ十分に引き出し、横方向への燃焼作用の広がりの抑制が求められます。そのため、ノズルには加工部のガス純度を高く維持する構造を採用し、適正なアシストガス条件の設定にはバーニングを防止するパラメータを選択します。

❷溶接と熱処理（焼入れ）でのアシストガスの影響

　レーザ光の照射部を大気からシールドするために、レーザ溶接では**図2-3-7**に示すようにアルゴンガスを加工部へ噴射します。溶融金属の排出に高いガス圧制御を必要とする切断とは異なり、溶接でのアシストガスの条件設定はガス圧力の制御ではなく、少量のガスを高精度に噴射できる流量制御にします。

　アシストガスが影響する溶接欠陥には、**図2-3-8**に示すワーク表面の溶接ビードと母材境界に連続的に発生する凹みであるアンダーカットがあります。アンダーカット部分には応力が集中しやすく、疲労強度不足の原因となります。アンダーカットの発生は、ガス流量が過剰であること、ノズル芯出しが悪くガスの噴射が偏ってしまうことが原因のため、注意が必要です。

　焼入れでは、ワーク表面のシールド性を必要とする場合にアシストガスを使用しますが、溶接ほどの加工部への影響はありません。

図 2-3-6　切断におけるノズルとガス条件の設定

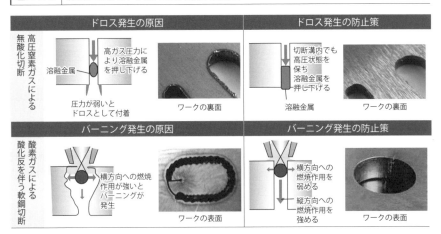

ドロス発生の原因	ドロス発生の防止策

高圧窒素ガスによる無酸化切断

高ガス圧力により溶融金属を押し下げる
溶融金属
圧力が弱いとドロスとして付着
ワークの裏面

切断溝内でも高圧状態を保ち溶融金属を押し下げる
溶融金属
ワークの裏面

バーニング発生の原因	バーニング発生の防止策

酸素ガスによる酸化反応を伴う軟鋼切断

横方向への燃焼作用が強いとバーニングが発生
ワークの表面

横方向への燃焼作用を弱める
縦方向への燃焼作用を強める
ワークの表面

図 2-3-7　溶接におけるシールドの効果

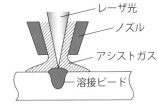

レーザ光
ノズル
アシストガス
溶接ビード

図 2-3-8　アシストガスが原因の溶接欠陥

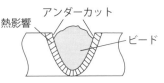

アンダーカット
熱影響
ビード

溶接ビード断面

要点　ノート

アシストガス条件が適正でない場合、切断ではバーニングやドロスを発生させ、加工後の仕上げ作業や再加工につながります。溶接や焼入れでは加工部の酸化を起こし、特に溶接では応力集中するビード形状になったりします。

ノズルの芯ズレの影響

　加工機の連続稼動において、ノズルでのアシストガスとレーザ光の位置合わせの状態に変化（ズレ）が発生すると、加工能力が低下する現象が生じます。この現象の有無を確認して、加工能力の低下を常に改善する必要があります。

❶ノズル中心とレーザ光の位置合わせ

　加工ヘッドの先端にあるノズルの中心とレーザ光の位置が一致しないことを芯ズレといい、加工する方向によって加工品質が異なる現象の原因となります。レーザ光によって溶融される領域に対して均一なアシストガス流れにならないことが原因です。

　図2-3-9は、レーザ切断においてノズル中心とレーザ光の位置が一致していない状態を示したものです。ワーク上のレーザ光の照射された位置の周囲には、溶融された物質や蒸発した物質が広がりますが、アシストガスの噴射強度が異なると、発生物の飛散状態が不均一になります。ノズルの芯ズレを修正する方法には、このレーザ光の周囲に飛散する状態が均一になるように確認しながら、ノズルまたは加工レンズ位置を動かす調整があります。

　この芯ズレを起こした状態で加工すると、図2-3-10に示す加工品質になってしまいます。窒素ガスによる無酸化切断では、加工方向によってアシストガスの圧力が変化して、ドロスの発生量に差が生じます。軟鋼の酸素切断では、酸化反応の状態が変化して、加工方向によってバーニングの発生や切断面粗さの悪化につながります。溶接や焼入れにおいても同様に加工方向によってシールド状態が変化するため、加工部の酸化状態に差が生じてしまいます。また、ガス圧の変化は溶接でのアンダーカットの発生原因にもなります。

❷加工中に発生する芯ズレ

　レーザ光の金属への照射では、照射部は急激な温度上昇と蒸発を起こします。蒸発の圧力は、溶融金属を小さな粒状のスパッタにさせて、ノズルに付着させることがあります。このノズルに付着したスパッタは、図2-3-11に示すようにアシストガスの流れを乱し、ノズルの中心にレーザ光が位置していても、ノズルの芯ズレと同じアシストガスの状態にさせます。

　このスパッタ付着の防止には、ノズルへのスパッタ防止剤を塗布したり、レー

ザ加工機にスパッタを除去するブラシを装備し、加工途中で定期的にスパッタを除去する動作をさせたりします。また、ノズルを二重構造にして、外側ノズルにスパッタを付着させ、内側ノズルのガス流れを乱さないようにします。

図 2-3-9 | ノズルの芯ズレ

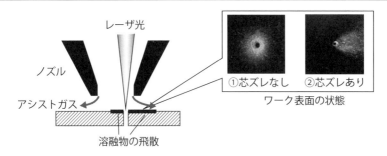

図 2-3-10 | ノズル芯ズレの加工への影響

図 2-3-11 | ノズルへのスパッタの付着

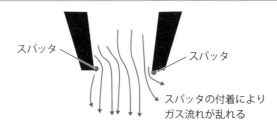

要点 ノート

不良発生でのノズル芯ズレを原因とする一次診断は、加工方向によって加工品質が異なることです。その場合の二次診断は、レーザ光とノズルの要因とを分離して無関係な要因を除外した後に、不良原因を追究します。

安全な操作をするために

　レーザ加工機の操作では、レーザ光や高温による発生物など、他の工作機械では一般的でない安全に関する知識の習得も必要です。

❶レーザ光に関する安全対策

　レーザ光に関する安全は、レーザ製品の安全基準JIS C 60802にて危険度に応じてクラス分けされて危険内容が説明されています。CO_2レーザやファイバレーザのレーザ光は目に見えないため、特に高出力のレーザ光は人体に照射された場合、眼の障害（**図2-4-1**）、熱傷の障害などを起こします。直接または間接的に目や皮膚に当たらないような注意が必要です。具体的には、レーザ管理区域の囲い、注意標識（看板）、遠隔操作、保護めがね、保護衣、点検整備、安全衛生教育、健康管理が必要です（**図2-4-2**）。

　また、労働安全衛生法の規定による労働安全衛生管理体制の整備と、レーザ機器管理者を選任しレーザ機器の管理を行います（**図2-4-3**）。

❷加工時に発生する物質に関する安全対策

　レーザ加工時の発生物が多い切断では特に注意が必要です。切断では除去された量（切断幅×厚さ×長さ）が、粉塵となったり分解してガスとなったりして環境を汚染します。粉塵および分解ガスは人体にとって有害な物質なので、粉塵に対しては集塵機の設置、分解ガスに対しては脱臭装置または排気装置の設置が必要です。

　金属切断では高温の溶融物が可燃物に飛散して火災を起こしたり、アルミニウム粉と酸化鉄紛が化学反応（テルミット反応）により爆発的に高温になったりします。これらの対策には、加工機や周囲の清掃と点検が必要です。

❸その他の安全対策

(1) 圧力の高いアシストガスの使用では高圧ガス保安法の規制を受け、設備の厳密な管理が必要です。加工機を操作する環境での酸素濃度の変化、すなわち高すぎる濃度と低すぎる濃度の安全への影響にも注意が必要です。

(2) 稼働部での挟まれ事故への注意も必要です。加工中にはテーブルに接近しないこと、メンテナンス時にはマシンロックをすることを心掛けてください。

(3) 光学部品の毒性への対策も必要です。CO_2レーザ加工機での加工レンズや出力ミラーには毒物指定のZnSe（セレン化亜鉛）が使われており、取り扱いと廃棄に注意が必要です。

(4) レーザ加工機の電源装置には高電圧を使用する部分があり、メンテナンスなどでは感電に注意が必要です（**図2-4-4**）。

図 2-4-1 眼球への影響

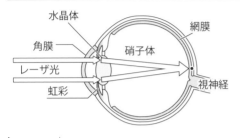

・レーザ光は角膜、水晶体、硝子体を透過し網膜に到達する
・網膜後部のメラニン色素でレーザ光が吸収される
・レーザ光のエネルギが大きいとたんぱく質は凝固される
・光に敏感な組織は劣化し、視力障害を起こす

図 2-4-2 注意標識の例

レーザ管理区域の設定とレーザの警告標識を設置

警告標識（参考）

危　険
レーザ管理区域
関係者以外立入禁止

レーザ管理区域標識（参考）

図 2-4-3 管理者の選任

図 2-4-4 高電圧の使用場所

要点 ノート

安全作業は全てに優先する取り組み事項です。他の工作機械ではほとんど扱わない光に関して新たに基礎知識を習得して、万全の安全体制でレーザ加工機を扱ってください。

レーザ加工機運転前の点検

　レーザ加工機の運転前には、安全のチェックを基本として、加工機の能力を最大に引き出すメンテナンスの意味も含めた点検を行います（**図2-4-5**）。

❶電源投入前の点検

（1）作業環境の確認

　作業の支障となる障害物体、油などによる床の汚れや可燃物の有無を確認し、それらが存在する場合は排除します（**図2-4-6①**）。次にレーザ光の人体への照射の可能性を排除するため、保護メガネを着用（同図②）と遮蔽のパーテンションやカバー扉を閉じること、それらに破損のないことを確認します。

（2）ガス設備の確認

　レギュレータの閉じていることを確認しガス供給源の配管栓を開き、所定の設定圧力にレギュレータを設定します。次にガス配管での継手や管にガス漏れのないことを確認します。

❷電源投入後の点検

（1）周辺装置確認

　クーリングタワー（チラーが水冷式の場合）を起動し、異音の発生や水の循環に異常のないことを確認します。

　パージ用と加工用のコンプレッサーを起動します。異音のないことと指示圧力が正常であることを確認し、ドレン抜きを行います。光学部品が汚れる原因となる水分を排除するドレン抜きは必ず実施が必要な作業です。

　微細な粉塵や有害ガスを加工エリアから吸引する必要があります。これらに必要な集塵機や脱臭装置の正常動作を確認します（同図③）。

（2）レーザ加工機の確認

　最近の加工機にはセルフチェック機能が付いており、加工機のほとんどの機能を自動で確認しますが、以下のレーザ光とアシストガスに関する確認は特に重要な確認項目です。

　　・レーザ発振器の入出力特性に問題がないこと（加工条件指示通りの出力）

　　・ノズルの芯ズレのないこと（ノズルにキズがない）

　　・焦点位置が正しいこと（ノズル位置と焦点位置の関係を把握）

・アシストガス圧が加工条件の指示値と一致すること
・加工機のチップコンベアやスキットボックスを清掃すること（同図④）

図 2-4-5　レーザ加工機運転前の点検

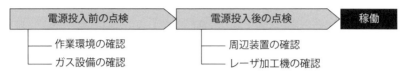

電源投入前の点検	電源投入後の点検	稼働
── 作業環境の確認 ── ガス設備の確認	── 周辺装置の確認 ── レーザ加工機の確認	

図 2-4-6　具体的な点検作業の例

レーザ光（とくに CO_2 レーザ）は紙、木材、布などによく吸収されるため、ビームが当たると燃えあがります。加工テーブル上や周囲に紙、木材、布などを置かないでください。

①周囲環境への注意

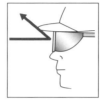

遠赤外のレーザ光は目に見えないので、注意が必要です。危険の少ない可視光レーザ光（出力1mW 程度）で光軸調整を行いますが、可視光といえども直接目に入れないようにしてください。

②人体への注意

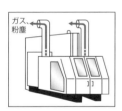

金属材料の加工時に発生する微細な粉塵や、各種プラスチック材料の加工時に発生する熱分解成物を加工テーブル周りや加工室から吸引する集塵機や脱臭装置が正常に動作することを確認してください。

③周辺器機への注意

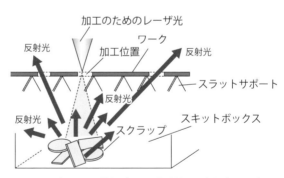

スキットボックス、排気ダクト、集塵機に切断粉塵などが溜まると、化学反応を起こしたり、レーザ光を反射したりする恐れがありますので、定期的に除去、清掃を徹底してください。

④レーザ加工機への注意

要点 ノート

レーザ加工機の生産性向上には、突発的な不具合発生の防止が不可欠です。そのために重要な役割を担う始業前点検での点検漏れの防止には、チェックリストによる定期的で確実な点検の実施、および着実な引き継ぎが必要です。

NCプログラムとは

❶NCプログラムの作成

　レーザ加工機はCNC（数値制御）工作機械であるため、その運転にはNC指令データ（加工プログラム）が必要となります。NCプログラミングは、主としてCAD/CAMを使用して作成しますが、簡単なプログラムであればCNC装置にてマニュアルで作成することもできます。

❷制御軸数と座標語

　標準仕様の二次元レーザ加工機は3軸、三次元レーザ加工機は5軸の軸数を持ち、さらに回転などの付加軸を追加することもできます。NCプログラムはこれらの軸をアルファベットの座標語で表示しています。**図2-5-1**に示す例では、基本軸はX・Y・Z、回転軸はA・Cで構成されています。

❸プログラムフォーマット

　制御装置に制御情報を与える際の定められた様式をプログラムフォーマットといいます。NCプログラムは、**図2-5-2**に示すように英字と数字の組み合わせで構成されています。英字部分をアドレスといい、下記の例では下線部分が相当します。なお、レーザ加工機の各種動作に関する機能ごとに使用アドレス（アルファベット）は決まっており、主なアドレスは**図2-5-3**に示すとおりです。

　例）<u>G</u>01 <u>X</u>50. <u>Y</u>-60. <u>F</u>5000

❹データ

　アドレスに続く数値をデータといい、下記の例では下線部分がデータです。

　例）G<u>01</u> X<u>50.</u> Y<u>-60.</u> F<u>5000</u>

❺ワードとブロック

　アドレスとデータを組み合わせたものをワードといいます。下記の例では下線部の合計4個がワードです。

　例）<u>G01</u> <u>X50.</u> <u>Y-60.</u> <u>F5000</u>

　ワードのいくつかの集合をブロックといい、機械のある特定の1つの動作が実行されるのに必要な情報を含んでおり、ブロック単体で完全な指令です。下記の例では下線部分がブロックになります。

例）G01 X50. Y-60. F5000

なお、穴あけではNCプログラムに加えて、特殊な穴位置データを合わせて使用します。

図 2-5-1 | 制御軸

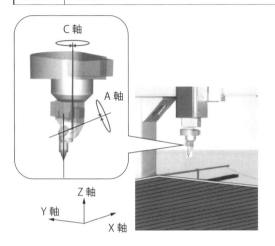

図 2-5-2 | プログラムの例

```
#501
M66
G90
G92 X30. Y20.
G00 X107. Y70. G40
M98P9010
G01 G40 X110. Y70.
G03 X110. Y70. I-10. J0.
M121
M199
```

図 2-5-3 | アドレスの例

アドレス	機能・名称	用途
O	プログラム番号	プログラムの識別
N	シーケンス番号	行のブロック番号
G	準備機能	加工送りや早送りなどの動作指令
M	補助機能	ビームやアシストガスのON/OFFなどの制御指令
X, Y, Z, U, W, I	座標語	X, Y, Z, U, W：軸移動の指令 I：円弧の中心座標
R	円弧半径指定	円弧の長さ半径を指定
F	送り速度指定	切削時の送り速度設定（mm/min）
S	出力指令	レーザ出力の変更を指令
T	デューティ指定	パルスパラメータの変更を指令
P	ドウェル	指定時間停止

要点 ノート

NCプログラムを用いて自動加工できるレーザ加工機のメリットは、生産性の向上、品質の安定、複雑形状の加工、安全性の向上です。デメリットは準備作業に手間の掛かることで、準備でのミスは連続不良を起こします。

座標系と原点の設定

　レーザ加工機を自動で動かすためには、NCプログラムを作成する必要があります。NCプログラムは、加工ヘッドやテーブルの動きを座標系（座標値）で指示しますが、そのためには座標系の原点を決める必要があります。

❶機械原点とワーク原点

　レーザ加工機は機械固有の座標系を持っており、これを「機械座標系」、機械座標系の原点を「機械原点」といいます。通常、機械原点は**図2-5-4**に示すように、テーブルストロークエンドに設定されています。NCプログラム（ツールパス：レーザ光（加工ヘッド）の動く経路）は、図面に示された形状に基づいて作成しますが、特に複数の形状を連続加工する二次元切断では、機械原点を基準にすると作業が複雑になってしまうことがあります。

　そこで、作業者にとって都合のいい任意の位置を座標軸の原点にすることがあります。この座標系が「ワーク座標系」であり、ワーク座標系の原点を「ワーク原点」といいます（**図2-5-5**）。通常、ワーク原点は加工形状の左端などの加工位置の座標値を考えやすい位置に設定します。ワーク原点はNCプログラムを作成するための原点になりますので、プログラム原点ともいいます。

❷原点の使い分け

　機械原点は加工機が決めた既定の座標原点であり、ワーク原点はユーザが任意に設定できる原点です。NCプログラムで指令するX、Y、Zの位置は、ワークに照射されるレーザ光のスポット中心と合致することが基本です。しかし、レーザ光のスポット位置は常に一定でないことを認識する必要があります。光学部品のメンテナンスや光軸調整などを行うと、レーザ光の位置がずれてしまうためです。そのため、都度原点を設定し直すワーク座標系による加工では問題ありませんが、機械座標系による加工では固定の機械原点とレーザ光の位置を合わせる作業が必要になります。

　二次元切断では、複数の形状を任意の位置から加工することが多いため、ワーク原点を基準にするのが一般的です。立体形状を加工する三次元切断や溶接では、固定治具にセットされたワークの加工位置をティーチングし、同じ位置からの加工になるため機械原点を基準にします。ビジョンセンサーにて位置

決めする穴あけ加工では、センサー位置が固定なため機械原点を基準にします。

図 2-5-4 機械原点

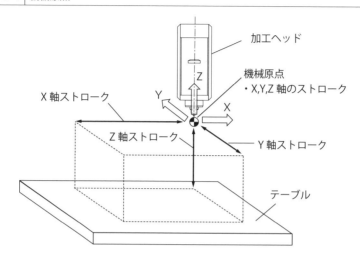

図 2-5-5 ワーク原点

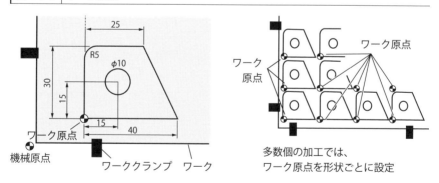

多数個の加工では、
ワーク原点を形状ごとに設定

要点 ノート

機械原点は加工機のサーボ原点として調整された「0」点であり、各軸に1つしかありません。この機械原点を基準に機械座標系があり、そこに設定されるワーク原点は複数の任意位置に「0」として登録される原点です。

絶対値指令と増分値指令の設定

❶NCプログラムの指令方法

　NCプログラムの指令方法には、絶対値指令と増分値指令の2つがあります。

　（1）絶対値指令

　プログラムの原点を基点として、移動先の座標値を直接指令する方法です。アブソリュート指令ともいわれ、動作指令のGコードはG90です。

　（2）増分値指令

　現在位置の座標値から移動先の座標値までの増加量や減少量を指令する方法です。移動はプラス値指令ではプラス方向へ、マイナス値指令ではマイナス方向へ動きます。インクレメンタル指令ともいわれ、GコードはG91です。

　図2-5-6には原点0からAを経由してBへ向かう場合の①絶対値指令と②増分値指令の比較を示します。絶対値指令では、A点をX10.Y20、B点をX40.Y30.など各点の座標値を入力します。しかし増分値指令では、原点からA点への増えた量は絶対値指令と同じ値のX10.Y20.ですが、B点はA点から増えた分の量であるX30.Y10.と入力します。

❷絶対値指令と増分値指令の使い分け

　絶対値指令は座標値をそのまま指令するので、レーザ光の照射位置を把握しやすくなります。また、座標値の指令ミスがあった場合や設計変更にともない加工経路を修正する場合、修正したい箇所の座標値のみ修正すればいいことなどが利点です。一方、増分値指令は入力するNCデータの量が少なくなる利点はありますが、座標値の入力ミスがあった場合、それ以降の座標値が全てズレることになります。そのため、レーザ加工機でのNCプログラムの作成では、通常は絶対値指令を使い、必要に応じて増分値指令を使用しています。

❸座標系の設定

　座標系の設定とは、加工ヘッドのある位置を加工基準点の原点（ワーク原点）として、希望する座標値に設定し直す機能です。ユーザが簡単に操作できるように、常に加工形状の左端下など決まった位置を原点にして、そこから加工をスタートするように決めておけば便利です（**図2-5-7**）。この設定のためのGコードはG92です。

図 2-5-6 | 絶対値指令と増分値指令

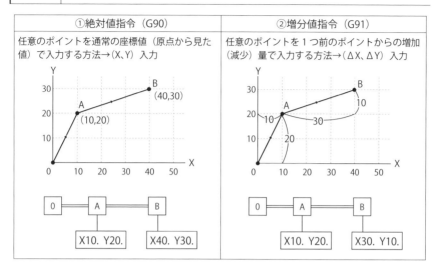

①絶対値指令（G90）	②増分値指令（G91）
任意のポイントを通常の座標値（原点から見た値）で入力する方法→(X、Y) 入力	任意のポイントを1つ前のポイントからの増加（減少）量で入力する方法→(ΔX、ΔY) 入力

図 2-5-7 | 座標系の設定

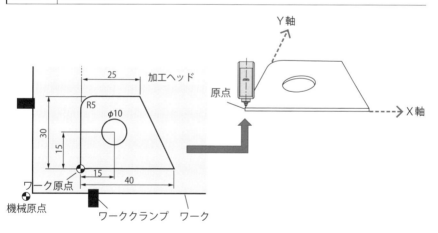

要点 ノート

加工ヘッドやワーク移動の指令において、絶対値指令は加工点の現在位置に関係なく移動させたい点（目標点）をワーク原点からの座標値で示します。増分値指令は、移動させたい点までの距離と方向で示します。

NCプログラムの作成手順

　図2-5-8に示す形状をP0（原点）からP10の順番に加工するNCデータは、図2-5-9になります。P1は中穴、P3は外周加工のピアシング（開孔）位置です。

❶移動指令の作成

　移動指令とは、X□Y□で示される終点座標まで加工ヘッドもしくは加工テーブルを動かす指令です。

　（1）早送り（シーケンス番号N005）

　N004にてX0.Y0.に座標系設定されたP0から、ビームオフのままP1へ所定の早送り速度で移動します。この早送り指令にはG00のコードを使います。

　（2）直線補間（N007）

　N006にてピアシングを終了させ、ビームオンのままピアス線であるP1からP2の直線を移動します。この指令コードにはG01を使います（G 41は後述）。

　（3）円弧補間（N008）

　P2から右回りにφ10 mmの穴を加工します。この指令コードにはG03を使います。なお、左回りに加工する場合はG02を使います。

❷ビームオン、オフコードの挿入

　ビームをオンする場合（N006）は、自動的に倣い装置を有効にしたり、アシストガスをオンにしたりする複数の動作を同時に行います。そのため、全てがまとめられたサブプログラム（P9010など）をM98で呼び出します。ビームをオフする場合（N009、N010）も同様にサブプログラムを呼び出すか、直接オフするMコードを挿入します。

❸工具径補正

　レーザ切断では切断溝幅を生じます。そのため図2-5-10に示すように、プログラムされた軌跡（φa）よりもレーザ切断の軌跡（φA）は小さくなります。この軌跡のずれを修正するために、切断溝幅の半分の量を外側へずらすことが必要です。これが工具径補正（オフセット）の考え方であり、レーザ加工機では工具を使用しませんが、一般工作機械と共通でこの表現を使います。

　どちらの方向へずらすのかは、切断した内側が欲しいのか、それとも外側が

欲しいのかによって異なるため、左補正のコード G41 と右補正のコード G42 を使い分けます。

図 2-5-8 加工形状

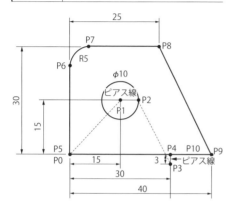

図 2-5-10 工具径補正

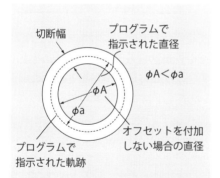

図 2-5-9 加工プログラム

N001 #501=105 N002 M66	開始コード
N003 G90	位置指令（絶対値）
N004 G92X0.Y0.	座標系の設定
N005 G00X15.Y15.	
N006 M98P9010	ビームオン
N007 G41G01X20.Y15. N008 G03X20.Y15.I-5.J0. N009 M121 N010 M199	ビームオフ
N011 G40G00X30.Y-3.	
N012 M98P9010	ビームオン
N013 G41G01X30.Y0. N014 G01X0.Y0. N015 G01X0.Y25. N016 G02X5.Y30.I5.J0. N017 G01X25.Y30. N018 G01X40.Y0. N019 G01X30.Y0. N020 M121 N021 M199	ビームオフ
N022 G01G40 N023 M30	終了コード

要点 ノート

NC プログラムは特定の記述がない限り、上から下に向かって各ブロックを 1 つずつ処理します。ただし NC にはブロックを先読みする機能があり、プログラムでエラーが発生した場合、先読みブロックが原因の可能性もあります。

二次元切断における
ワークの固定と治具

❶定尺材からの加工

　定尺材への加工において、ワーク固定の光走査型レーザ加工機ではワークをクランプせずに加工するのが一般的ですが、加工中の熱変形の対策や、テーブル駆動型レーザ加工機では、ワークをクランプする必要があります（図2-6-1）。クランプエリアは切断領域を縮小させて歩留まりを悪化させるため、クランプ範囲をできるだけ小さくしたり、クランプの退避や位置移動させたりする構造が必要です。

❷加工済み外形への内側形状の追加工

　図2-6-2に示すような、加工済み外形Aに対して、その内側に穴などの追加工（形状B）をする場合、外形の基準位置から追加工位置の位置決めが必要です。正確な位置決めとワークの脱着を容易する治具Cを準備する必要があります。治具Cの例ではワークの左下を基準位置に設定し、追加工する穴などの位置が決定されるNCプログラムになっています。

❸加工済み内側形状への外形の追加工

　図2-6-3に示すように、金型による切断や成形を複数セットにまとめ加工したサンプルAから、単品（サンプルB）を分離する外形の追加工が必要な場合があります。この加工では、サンプルAの加工中に基準位置の穴を同時に加工したり、加工形状の穴を基準位置にしたりして、その基準点から外形の位置決めを行う方法をとります。

　（1）基準位置を加工した位置決め

　サンプルAの加工中に、同時に位置決めの基準穴も捨て穴として加工します。加工テーブル側には、ワークが搭載されると同時に基準穴が差し込まれるパイロットピンを設けます。このピン位置に差し込まれたサンプルAの基準穴とサンプルBの関係から、正確に位置決めされ切断が行われます。

　（2）加工形状を基準位置とした位置決め

　加工済みの穴を計測して、その穴位置を基準に外形の位置決めを行う追加工があります。穴の測定には非接触の光計測による方式と、接触式のタッチプローブ計測の方式が一般的です。ただし、いずれもサンプル測定部の面品質や

ダレの状態が測定精度に影響するため、注意が必要です。

図2-6-1 ワークのクランプ

図2-6-2 加工済み外形への追加工のクランプ

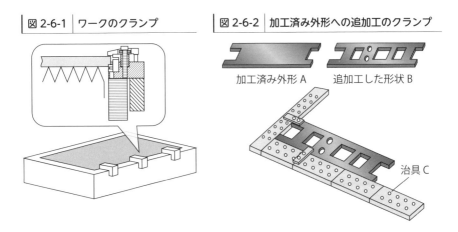

加工済み外形A　　追加工した形状B

治具C

図2-6-3 加工済み内側形状への外形の追加工

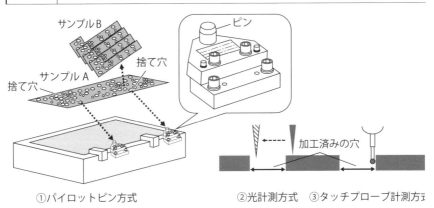

サンプルB

ピン

捨て穴

サンプルA

捨て穴

①パイロットピン方式

加工済みの穴

②光計測方式　③タッチプローブ計測方式

要点 ノート

非接触加工のレーザ切断においても、加工中の熱変形やワーク移動時のズレを抑え込む手段の固定、および再現性の高い高精度位置決めが治具の主な目的です。高生産性を維持したままのワーク脱着と固定する構造も重要です。

三次元切断における
ワークの固定と治具

　図2-6-4のワーク例に示す立体成形品を切断する三次元レーザ加工機では、二次元レーザ切断のように汎用的なワーク支持方法では対応できません。三次元レーザ加工機では、図2-6-5に示すように5軸制御する加工ヘッドやテーブルを用いてワークをあらゆる方向から切断することが要求されるため、ワークは加工機のテーブル表面から浮かせた状態での保持が必要です。

❶ワーク保持のための治具の条件

　ワークの保持は、高圧のアシストスガスを噴射してもワークにズレが発生しないようにしっかりと固定されていなければなりません。また、レーザ切断では、溶融金属がワーク裏面から排出されるため、その支持部材での切断経路に裏当てするワーク保持面積はできるだけ小さく、かつ強固な保持力を確保する必要があります。レーザ照射にて支持部材が消耗するため、支持部材の着脱を容易にして交換時間を短縮する必要もあります。加工中にワーク裏面から排出される粉塵はその集塵を容易にするため、支持部材に排気通路を有する構造も必要です。

　一方、レーザ切断の生産性も需要であることから、ワークセット時の精度を確保しながらワーク着脱を容易にすることも重要です。

❷ワークデータを利用した治具製作

　3D-CADで作成した三次元モデル（成型金型または ワーク）のデータを利用して、平板からワーク支持部材を切り出します。図2-6-6の例では、5部品（①〜⑤）を切断し、⑤のベース板上に①〜④の支持部材を組み立てます。①〜③の部材にはワーク下に滞留する粉塵の排気通路となる出口窓を設けています。各支持部材は着脱を容易にするために、ホゾ穴と差込みのホゾで組み立てる構造にするのが一般的です。

❸汎用性を持たせた治具製作

　ワーク内側の凹凸にしっかりと嵌り、着脱も容易であることに加えて、様々なワーク形状に柔軟に対応する治具の要求があります。そのためには、図2-6-7に示すピン上部に粘土を固定し、その粘土でワークを保持します。粘土は消耗品扱いになり、ピンの高さはいくつかの種類を準備し、ピンのテーブル

固定はTスロットを利用し位置調整を容易にする構造をとります。

図 2-6-4 │ 三次元切断のワーク例

図 2-6-5 │ ワークの保持

図 2-6-6 │ ワークデータを利用した治具

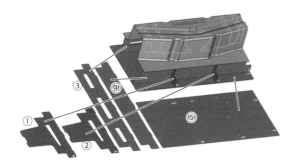

図 2-6-7 │ 粘土を利用した 治具

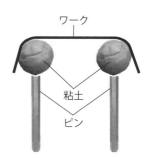

要点 ノート

三次元加工機で高精度に切断するためには、テーブル上の空中でしっかり固定する必要があります。治具作成にワークの三次元モデルデータを使用する場合でも、プレス成型精度や治具精度に合わせたプログラム修正を加えます。

溶接と熱処理（焼入れ）における ワークの固定と治具

　レーザ溶接は基本的に溶接するワーク間に溶加棒などの介在物を使用せずに、直接付ける溶接です。そのため、いかにワーク間の隙間を少なくするかが重要です。ワーク間に隙間が生じたままレーザ溶接を行うと隙間に母材の一部が流れ、割れ・穴あき・強度不足の原因となったり、そもそも溶接が成り立たなくなったりします。そのため、治具を作成し隙間が発生しないようにワークを固定することがレーザ溶接の基本となります。

　焼入れでも加工中のワーク変形に対応した固定を考慮する必要があります。

❶重ね継手での固定

　図2-6-8には、上下に2枚のワークを重ねた非貫通溶接の例を示します。ワークに発生する隙間の大小にもよりますが、隙間が大きくなると溶融した金属が下がり強度不足を起こしてしまいます（**図2-6-9**）。この場合の許容できる隙間は、ワークの板厚や材質、加工条件などによって異なるため、事前の条件出しにてしっかり確認する必要があります。

　溶接治具の考え方は、溶接部の近傍をベースとなる部分に上方から押さえる構造です（**図2-6-10**）。溶接部から離れた位置でも、溶接中に発生する熱変形によって隙間の拡大する可能性があるため、拘束位置の注意が必要です。

❷突合せ継手での固定

　図2-6-11には、左右のワークを突き合わせた貫通溶接の例を示します。レーザ光の集光スポット径は非常に小さいため、隙間があるとレーザ光が通過してしまい、ワークを溶融させることさえも不可能になります。例えば**図2-6-12**はワークに隙間が生じ、かつレーザ光がやや左にずれた溶接を示します。左側の一部しか溶融しない状態です。この場合も許容できる隙間は、ワークの板厚や材質、加工条件などによって異なるため、事前の条件出しで確認する必要があります。

　溶接治具の考え方は、突き合わせる方向に押すことを優先し、上下方向にも拘束する構造です（**図2-6-13**）。特に突き合わせ溶接では、溶接の進行とともに熱応力による変形で継手面の開くことがあります。対策としては、突合せ溶接の前に突き合わせ部をレーザのスポット溶接で仮付けし、その後に加工開始

点から本溶接を行います。同一装置で同一軌跡に対して加工条件を変更するだけで簡単に行われる仮付けのスポット溶接は、レーザ溶接では一般的な方法です。

図 2-6-8 重ね継手の例

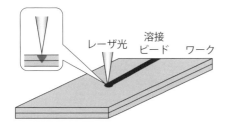

図 2-6-11 突合せ継手の例

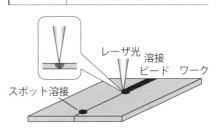

図 2-6-9 重ね継手での不具合

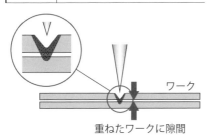

図 2-6-12 突合せ継手での不具合

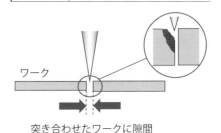

図 2-6-10 重ね継手での治具

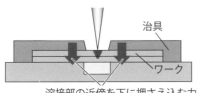

図 2-6-13 突合せ継手での治具

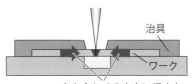

要点 ノート

溶接治具に求められる条件は、ワークとワーク間の密着性を加工中も維持することです。溶接中に発生する熱変形を押さえ込むことや、溶接部で発生する熱の冷却を考慮した銅を治具材料として採用することも必要です。

穴あけにおける
ワークの固定と治具

　プリント配線板の高密度化にともない、レーザによる穴あけ技術は多層基板の穴あけ加工用に開発され、急速に適用が進みました。その後も非貫通穴（BVH：Blind Via Hole）と貫通穴（TH：Trough　Hole加工）の加工で用途を広げていますが、いずれも反射光対策や加工品質維持、ワークの高精度な固定が重要です。

❶BVH加工

　多層基板の内層銅箔を残しその上の絶縁層のみを穴あけするBVH加工では、図2-6-14に示すようにワーク背面（内層銅箔）を加工テーブル上面に吸着させる方法で固定します。加工時に照射するレーザ光は内層銅箔を貫通しないため、加工テーブル上面には照射されず、加工テーブル上面にキズをつけることはありません。レーザ加工による発生物（粉塵、加工屑）はテーブル上面に舞い上がり光学部品を汚染させるため、テーブル上面で発生物を集塵する必要があります。

❷TH加工

　TH加工では、ワークを貫通した余剰なレーザ光がテーブル上面に到達すると、テーブル上面が損傷したり反射光でワーク裏面の穴加工品質が悪化したりします。図2-6-15にはTH加工に必要な治具の基本的な考え方を示します。TH加工の下に配置する治具には貫通穴を設け、余剰なレーザ光は通過させます。さらに貫通穴から透過したレーザ光が治具の底からも反射することを防止するために、治具の底から30 mm以上の距離を確保し、かつレーザ光を吸収する板（アクリル板など）の配置が理想的です。治具の吸引口は加工テーブルの吸引にも連動し、ワークの吸着と加工時の発生物を集塵するように作用します。

　さらに簡易的な治具としては、レーザで小穴加工した薄板のアクリル板（レーザ吸収板）を加工テーブル上面に設置し、ワークとアクリル板を同時に加工する図2-6-16の方法があります。アクリル板にランダムに加工された小穴部分を通してワークを下から吸引します。ワーク（基板）へのTH加工では、アクリル板の穴位置以外にもワークを貫通したレーザ光が照射されますが、それらのほとんどはアクリル板に吸収されます。アクリル穴を通過する

レーザ光は広がり角度を持つため、アクリル穴を通過する段階では穴壁面に吸収され、非常に小さなエネルギー密度になります。そのため、テーブル上面への影響はほとんどありません。

図 2-6-14 | BVH 加工のテーブル

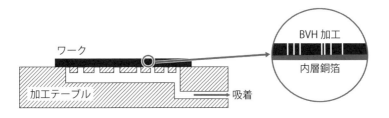

図 2-6-15 | TH 加工用治具の基本原理

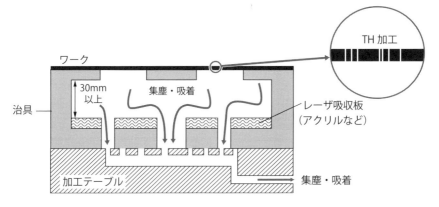

図 2-6-16 | 簡易的な TH 加工用治具

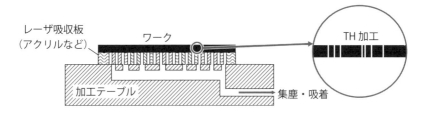

要点 ノート

穴あけ治具は、加工中のレーザ光がテーブル上面に到達する TH 加工で重要です。ワークがテーブル上面で吸着されることを前提とした治具構造になり、治具材料には同時加工も考慮したアクリル板が多く利用されます。

● レーザの存在が必要不可欠な世界 ●

　レーザ光がこの世に出現したのは、1960年7月のことであり、今年はちょうど60年目になります。このたった60年の間にレーザは、近年における最大の発明として注目を浴びるようになりました。

　私たちの身の回りには、DVDプレーヤ、レーザプリンタ、バーコードリーダ、電話やインターネットのレーザを使った光通信などがあります。また、産業界では精密レーザ測定やレーザ医療、そして本書で扱うレーザ加工があります。今では多くの分野で、レーザの存在が必要不可欠な世界になっています。

　このようにレーザ光が、わずかな期間に飛躍的な成長を遂げたのは、レーザ光の特長が方向、位相、そして波長が揃っていて、高精度で高速に制御できる人工の光だったからです。加えて、レーザ光の技術を必要とする環境の広がりと、レーザ技術を開発する高度なテクノロジーが下支えしたからです。

　モノづくりの世界では、最も注目を浴びている技術がレーザ加工であるといっても過言ではありません。レーザ加工を導入することにより、これまでより遥かに高品質で精密な加工が、超スピードで、しかも低コストでできるようになっているからです。読者のみなさまにも既存の加工法からレーザ加工への工法転換の魅力を知ってもらいたいと思います。

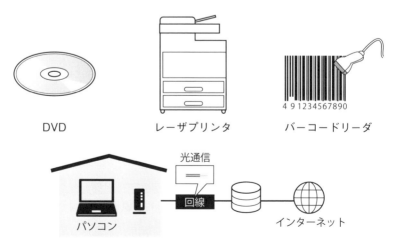

DVD　　　　　レーザプリンタ　　　　バーコードリーダ

4 91234567890

光通信
回線
パソコン
インターネット

レーザを使った光通信

【 第**3**章 】

レーザ加工機の
実作業と加工時のポイント

切断における確認が必要な加工品質

　レーザ切断では、ワークに照射された集光スポット径を中心に溶融や燃焼作用が生じて集光スポットよりやや幅の広い2Wの切断溝幅が生じます（図3-1-1）。集光スポットが真円の場合はあらゆる切断方向に2Wの切断溝幅を生じますが、集光スポットが楕円の場合はその長短（B/A）に応じて切断溝幅が異なり加工精度を悪化させるため、事前の注意が必要です。

❶切断寸法の確認

　NCプログラムで作成した加工軌跡のレーザ切断では、軌跡上に集光スポットが配置されるため、加工ワークは図3-1-2のように切断溝2Wの半分（W）だけ小さくなります。その結果、切断寸法a"とb"は指定寸法aとbに対して小さくなるため、Wだけ軌跡を外側にずらして（オフセット）切断します。

❷熱ひずみの確認

　レーザ切断は熱加工のため、切断溝周囲に発生する熱が加工ワークに熱ひずみを発生させます。ワークの縦横比が大きくなると左右の端面寸法dが異なったり、反りcが発生したり、位置精度eが悪化したりします（図3-1-3）。条件出しの段階で熱ひずみが確認された場合は、冷却方法の検討、加工経路や加工寸法などの修正を行います。

❸真円度の確認

　穴加工における真円度が悪化する現象は、ワークの表面側と裏面側で要因が異なります（図3-1-4）。表面側の悪化は加工機の動的特性によって、裏面側の悪化はレーザ光の円偏光度によって影響を受けます。これらは加工機固有の要因であるため、要求精度が得られる加工条件出しや加工機の調整をします。

❹切断面粗さとドロスの確認

　切断溝内で発生する溶融金属は、切断溝内を上部から下部に向かって流れて切断溝内から排出されます。溶融金属の流れた痕跡が切断面粗さになり、溶融金属の排出力が不十分でワークの裏面に付着するのがドロスになるため（図3-1-5）、適正な加工条件出しを行います。

❺切断面の傾きの確認

　切断溝幅のテーパ度は上部aと下部bの差の1/2で示し、斜めになるサシミ

切れの状態になることもあり、加工条件出しにて確認が必要です（**図3-1-6**）。

| 図3-1-1 | 集光スポットと切断溝幅 |

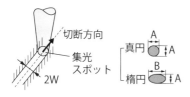

| 図3-1-2 | 寸法精度の悪化 |

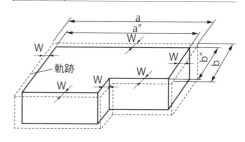

| 図3-1-3 | 熱ひずみの発生 |

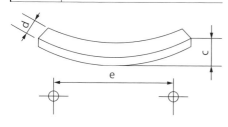

| 図3-1-4 | 表面と裏面側の真円度 |

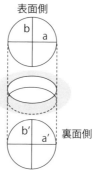

| 図3-1-5 | 切断面粗さとドロス |

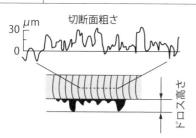

| 図3-1-6 | 切断面の傾き |

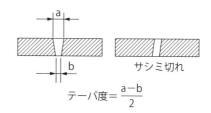

$$テーパ度 = \frac{a-b}{2}$$

要点 ノート

レーザ切断での高精度な切断品質を得るためには、切断溝幅、加工品の対辺寸法、熱ひずみ、穴加工の真円度、切断面粗さ、ドロス量、切断面のテーパの評価が必要です。

溶接、熱処理（焼入れ）における確認が必要な加工品質

レーザ溶接では、微小スポットに集光された高エネルギー密度のレーザ光をワークに照射するため、金属の急激な溶融や蒸発作用が加工品質に影響を及ぼします。レーザ焼入れは、外部冷却を使用しない自己冷却による表面焼入れのため、表面溶融の発生や硬化層深さの制約があります。

❶溶接品質の確認

レーザ溶接での加工品質への要求には、下記の項目があります。

1．設計寸法通り、正確に仕上げられている

2．求められている機能や強度（または安全性）が得られている

3．溶接部の外観が、求められるレベルに仕上がっている

このような加工の実現には、図3-1-7に示す溶接品質の確認が必要です。

（1）ビードに凝固割れ、穴、表面粗れの発生がないこと

・溶接中にCO、N_2、H_2などのガスが溶融池に気泡となって残留した穴がブローホールやポロシティ、ピットであり密閉性を低下させる

・アルミニウム合金などにおいて溶融から凝固する際に収縮応力が集中して割れの発生することがあり、溶接強度を低下させる

・急激な蒸発作用は溶融金属が飛散するスパッタや表面粗れを起こす

（2）ビードの深さや幅、高さなどが均一であること

・ビードとワークとの境界に連続的に発生する凹部をアンダーカットといい、この部分には応力が集中しやすく疲労強度不足の原因となる

・ギャップが大きい溶接継手でビード表面がワーク表面や裏面より内側に生じることをアンダーフィルといい、強度不足の原因になる

（3）溶接後にひずみが基準内であり設計寸法の通りであること

・溶接時の熱によって膨張や収縮の応力が発生し、精度を悪化させる

❷熱処理（焼入れ）品質の確認

レーザ焼入れでは、ワークへのレーザ照射側からの加熱と内部側への自己冷却が一方通行になります。そのため硬化層深さの浅い表面焼入れになることから、図3-1-8に示すような深さ方向と幅方向での硬度分布の確認が必要です。また、広範囲処理のために焼入れ層を重ねると焼戻しになります。

図 3-1-7 | 確認が必要な溶接品質

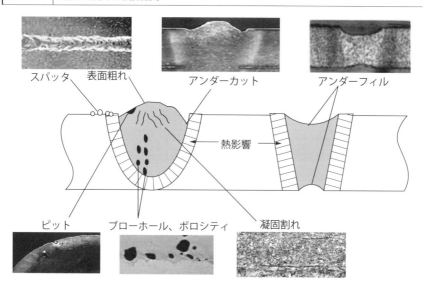

図 3-1-8 | 確認が必要な熱処理（焼入れ）品質

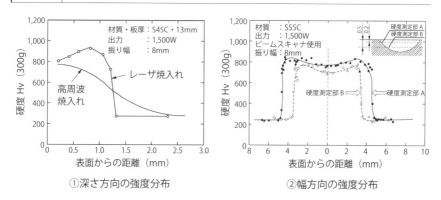

①深さ方向の強度分布　　②幅方向の強度分布

要点 ノート

良好な加工品質の達成と維持には、各種加工不良に対する発生原因の究明が必要です。また、加工中に発生した不良は、その内容を記録に残し、対策での確認事項をビジブル化して再発防止を図ることも重要です。

穴あけにおける確認が必要な加工品質

　レーザにより穴あけされたプリント基板では、その信頼性に影響する穴加工品質の管理は非常に重要になります。要求品質に応じたレーザ光のエネルギー密度や強度分布、パルス条件などの最適化を図ります。

❶レーザによる微細穴加工の種類

　図3-1-9には、プリント基板へのレーザ穴あけにおける加工方式、ワークの樹脂種類、加工方法、加工穴断面写真を示します。樹脂ダイレクトは、内層銅箔上にある樹脂に要求穴径に集光したレーザ光を照射します。ラージウィンドウは、表面銅箔に要求穴径より大きな穴をエッチングで事前に加工し、その中に要求穴径に集光したレーザ光を照射します。コンフォーマルは、表面銅箔に要求穴径と同じ穴をエッチングで事前に加工し、その径よりやや大きい径のレーザ光を照射しますが、穴周囲の余分なレーザ光は反射されます。銅ダイレクトは、表面銅箔とその下の樹脂に、同時に要求穴径のレーザ光を照射します。

❷穴あけ品質の確認

　穴あけでは、**図3-1-10**に示す穴径精度や加工面品質の確認が必要です。

①テーパ：表面穴径と底穴径の差であるテーパは、エネルギー強度やショット数に左右されるが、ワーク厚さのバラツキや穴底からの反射光にも影響される

②内層銅箔ダメージ：レーザ光のエネルギーが過多になると、内層銅箔に溶融や貫通のダメージが生じる

③穴壁面の粗さ：ガラスエポキシの加工では、エネルギー強度が適正値から低下すると、穴壁面のガラスクロスの突き出し量が増える

④真円度（裏面、表面）：真円度の悪化（a.b.c.）は、レーザ光スポット径の乱れや照射したレーザ光の内層銅箔からの反射が原因になる

⑤樹脂残り：内層銅箔の上面に除去されない樹脂が残る（d.e.）現象は、レーザ光のエネルギー強度分布が不均一なことや、レーザ光が穴底の樹脂を透過してしまうことが原因

図 3-1-9 | 主な穴加工の種類

加工方式	樹脂ダイレクト	ラージウィンドウ	コンフォーマル	銅ダイレクト
樹脂種類	エポキシ系樹脂	ガラスエポキシ・ポリイミド		
加工方法	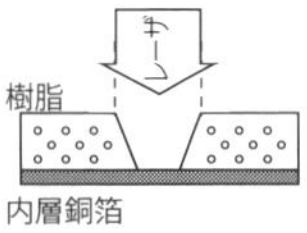 樹脂 内層銅箔	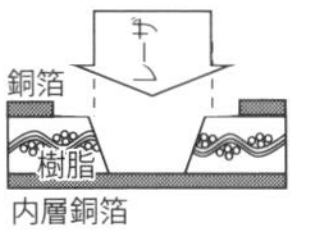 銅箔 樹脂 内層銅箔	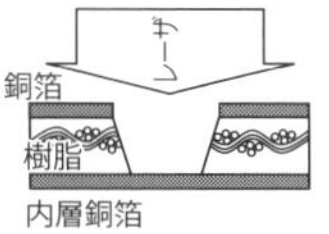 銅箔 樹脂 内層銅箔	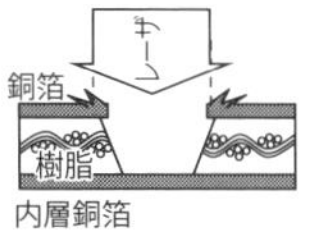 銅箔 樹脂 内層銅箔
加工穴 断面写真			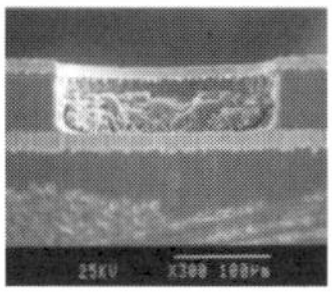	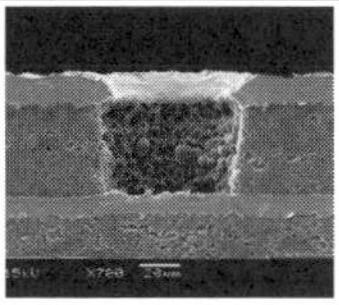

図 3-1-10 | 確認が必要な穴あけ品質

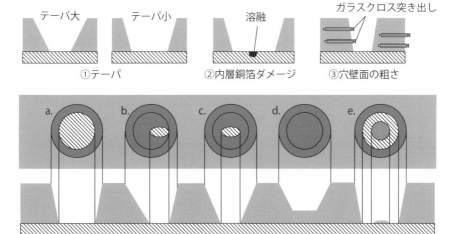

テーパ大　テーパ小　溶融　ガラスクロス突き出し

①テーパ　②内層銅箔ダメージ　③穴壁面の粗さ

a.　b.　c.　d.　e.

④穴の真円度（裏面、表面）　⑤樹脂残り

要点 ノート

複合素材の穴あけでは、各種材料を同時に蒸発・除去するレーザ光の条件設定にします。穴あけ品質が劣化する場合は、レーザ光のエネルギー密度やパルスショット数、レーザ光の真円度などを最適にする必要があります。

出力形態とエネルギーの表し方

　出力形態には、**図3-2-1**に示すレーザ光を連続的に発生するCW出力と、断続的に発生するパルス出力があります。切断や溶接、熱処理ではレーザ光が加工部へ連続照射されるため、時間当たりのエネルギーを積算したW（ワット）の表現を使います。一方、穴あけでは1パルスごとの高精度なエネルギーを使うため、1パルス当たりのエネルギーであるJ（ジュール）の表現を使います。

❶切断、溶接、熱処理でのレーザ出力を示すパラメータ

　これらの加工では**図3-2-2**に示すように、パルス出力はデューティと周波数の無数の組み合わせで設定が可能なのに対し、CW出力はデューティ100%のパルス出力の1つともいえます。

- ・デューティ（%）：1パルス時間当たりのビームオン時間の割合を示す
- ・周波数（Hz）：1秒間のパルス回数であり、板金加工では一般的に10～3,000Hzの範囲で使う。低速度では低周波数、高速度では高周波数を設定
- ・平均出力（W）：パルス発振される出力を時間当たりの平均にして表示する
- ・ピーク出力（W）：1パルス当たりの最大の出力であり、平均出力とデューティとの関係から算出するのが一般的。ピーク出力のPp、平均出力のPa、デューティのDには、$Pp = Pa/D$の関係が成り立つ。図中には、パルスの平均出力600W、デューティ20%、周波数100HzとCW出力600Wの関係を示す

❷穴あけでのレーザ出力を示すパラメータ

　穴あけでは1パルスで加工を完了させたり、複数パルスの条件を変更して照射したりします。そのため**図3-2-3**に示すように、1パルス当たりの出力エネルギーの大きさとパルス幅、パルスの照射回数が加工条件になります。

- ・パルス幅（s）：1パルスでのレーザ光が照射されている時間を示す
- ・パルスエネルギー（J）：1パルスのピーク出力Ppとパルス幅tの積で求める
- ・パルス数（回）：パルスの照射回数でありショット数ともいう。各パルスのエネルギーを変化させる例として、パターンaは高反射率の表面銅箔のあるワーク、パターンbはテーパの調整が必要なワークの加工に用いる

図3-2-1 レーザ光の出力形態

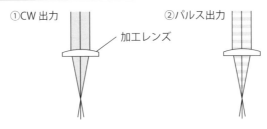

① CW出力　② パルス出力

加工レンズ

図3-2-2 切断、溶接、熱処理での出力エネルギーを示すパラメータ

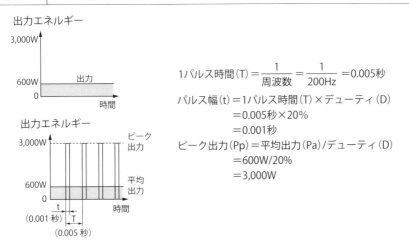

$$1パルス時間（T）＝\frac{1}{周波数}＝\frac{1}{200Hz}＝0.005秒$$

$$パルス幅（t）＝1パルス時間（T）×デューティ（D）$$
$$＝0.005秒×20\%$$
$$＝0.001秒$$

$$ピーク出力（Pp）＝平均出力（Pa）/デューティ（D）$$
$$＝600W/20\%$$
$$＝3,000W$$

図3-2-3 穴あけでの出力エネルギーを示すパラメータ

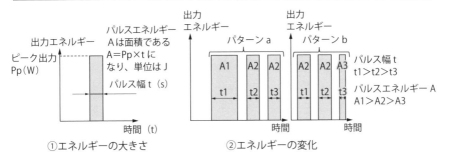

パルスエネルギー
Aは面積である
A＝Pp×tに
なり、単位はJ

パルス幅t（s）

①エネルギーの大きさ

パターンa　パターンb

パルス幅t
t1＞t2＞t3

パルスエネルギーA
A1＞A2＞A3

②エネルギーの変化

要点 ノート

同じパルス出力でも、投入エネルギーを時間当たりの量ではW（ワット）、パルス当たりの量ではJ（ジュール）で表現します。1秒間に1J発生させる電力がWです。つまり両者の関係はW＝J/secが成り立ちます。

切断における加工エネルギーと加工能力

　レーザ切断ではワークを溶融させるエネルギーの大きさで、切断板厚や切断速度の能力が決まります。この溶融させるエネルギーには、照射するレーザ出力だけでなくワークへのレーザ光吸収の特性や酸化反応熱も影響します。

❶加工板厚とレーザ出力の関係

　表3-2-1はCO_2レーザとファイバレーザの発振器出力に応じた最大加工板厚を示しており、厚板の加工になるほど大きな発振器出力が必要です。軟鋼の切断はアシストガスに酸素ガスを用いて酸化反応熱を利用しますが、ステンレス鋼の切断は窒素ガスを用いた無酸化切断が一般的です。

❷加工速度とレーザ出力の関係

　図3-2-4はファイバレーザによる軟鋼とステンテス鋼の板厚と切断速度の関係を示します。発振器出力は2kW、4kWと6kWの3種類を使用し、切断速度は2kW発振器による板厚1mmの速度を基準値とした相対値で表しています。同図①軟鋼の切断では、全ての板厚において発振器出力の差に応じた切断速度の差がわずかであり、どの発振器でもほぼ同じ速度で切断されています。同図②ステンレス鋼の切断では1mmから6mmの薄板で高出力の発振器による切断速度が大きくなりますが、12mmでは差が小さくなります。

❸レーザ出力を補助して切断能力を高める要因

　図3-2-5にはアシストガスに酸素ガスを用いた軟鋼切断での酸化反応熱の作用を示します。軟鋼の切断部では酸化鉄（FeO、Fe_2O_3、Fe_3O_4）が生成される際に発生する酸化反応熱を使い切断能力が高められるため、発振器出力の大きさによらず切断速度がほぼ同じになります。

　図3-2-6はA〜Eの各種金属においてレーザ光の波長とワーク材質の反射率との関係を示します。波長が10,600nmのCO_2レーザと1,070nmのファイバレーザとでは、反射率の低いファイバレーザの光吸収が高まり、無酸化切断での高速切断性能が向上します。さらに、ワーク溶融の能力には集光スポット部のエネルギー密度も大きく影響するため、高集光特性のファイバレーザ加工機が有利になります。

表 3-2-1 | 加工板厚と発振器出力の関係

発振器出力	軟鋼	ステンレス鋼
2kW	16mm	6mm
3kW	19mm	8mm
4kW	25mm	12mm
6kW	25mm	20mm
8kW	25mm	25mm

図 3-2-4 | ファイバレーザによる切断速度の比較

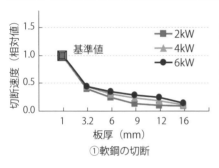

①軟鋼の切断

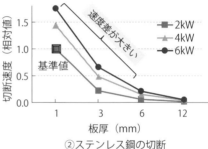

②ステンレス鋼の切断

図 3-2-5 | 酸化反応熱の利用

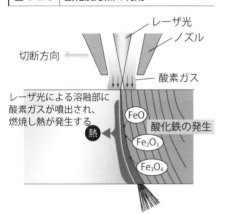

図 3-2-6 | レーザ光と反射率

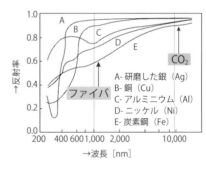

要点 ノート

レーザ出が大きいほど切断能力は向上しますが、酸化反応を起こす軟鋼では酸素ガスを用いて能力をさらに向上させます。酸化しない窒素ガスを用いた切断では、低反射率のレーザ波長や高集光特性も切断速度を向上させます。

溶接と熱処理（焼入れ）における加工エネルギーと加工能力

　レーザ溶接ではワークを溶融させるエネルギーの大きさで、溶け込み深さや溶接速度の能力が決まります。レーザ焼入れも基本的にはエネルギーの大きさが焼入れ深さを決めますが、表面溶融の発生を防ぐ必要があります。

❶溶接特性とレーザ出力の関係

　図3-2-7は溶接速度を3 m/minで一定のままレーザ出力を1.5kW、2kW、2.5kWで溶接したSUS304の溶け込み深さを示しており、出力が大きいほど溶け込みは深くなっています。また、集光スポット径を小さくできる短焦点レンズほど、集光部のエネルギー密度が向上するため、低出力溶接での溶け込みを深くします。

　図3-2-8は出力が比較的大きな5kWで、加工レンズの焦点距離がf5"とf10"による溶接特性を示します。溶接速度が4 m/min以下の低速度域では長焦点のf10"加工レンズでの溶け込みが深くなり、溶接速度が5 m/min以上の高速度域では短焦点のf5"加工レンズでの溶け込みが深くなります。これは高出力の溶接においては、低速度域の溶接ではキーホールが発達し深溶け込みになり、高速度域ではキーホールの発達よりも集光スポット部の高エネルギー密度が溶融能力に寄与するためです。

❷焼入れ特性とレーザ出力の関係

　図3-2-9にはSK3のワークに出力3kWで集光ビーム10×10を照射し焼き入れを行った場合の硬度と焼入れ深さの関係を示します。加工速度が遅くなり、加工エネルギーが増加するほど焼入れ深さは大きくなります。しかし、加工速度が0.2 m/minではワークの表面溶融が発生し、表面硬度が低下しています。レーザ光の照射部での単位面積当たりの加工エネルギーEは、出力Pとビーム幅W、加工速度Vを使い下記の式で表せます。

$$E = \frac{P}{W \times V}$$

　図3-2-10はS50Cのワークに出力を2〜4kW、加工速度を0.3〜2.0 m/minで焼入れした、加工エネルギーと焼入れ深さの関係です。加工エネルギーと焼入れ深さにはほぼ比例関係が成り立ちますが、表面溶融が発生すると吸収率が増

加し、焼入れはより深くなることを示しています。

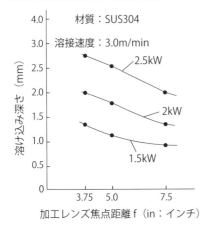

図 3-2-7 出力と溶け込み深さ

材質：SUS304
溶接速度：3.0m/min

溶け込み深さ（mm）

2.5kW
2kW
1.5kW

加工レンズ焦点距離 f（in：インチ）

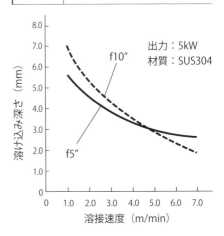

図 3-2-8 出力 5kW の溶け込み特性

出力：5kW
材質：SUS304

f10″
f5″

溶け込み深さ（mm）

溶接速度（m/min）

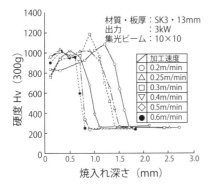

図 3-2-9 加工速度と焼入れ深さ

材質・板厚：SK3・13mm
出力：3kW
集光ビーム：10×10

硬度 Hv（300g）

	加工速度
○	0.2m/min
△	0.25m/min
□	0.3m/min
▽	0.4m/min
◇	0.5m/min
●	0.6m/min

焼入れ深さ（mm）

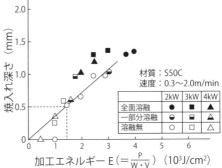

図 3-2-10 加工エネルギーと焼入れ深さ

焼入れ深さ（mm）

材質：S50C
速度：0.3～2.0m/min

	2kW	3kW	4kW
全面溶融	●	■	▲
一部分溶融	◐	◨	◮
溶融無	○	□	△

加工エネルギー $E\left(=\dfrac{P}{W \cdot v}\right)$（$10^3$J/cm^2）

要点 ノート

溶接能力の向上には高出力化に加え、薄板高速溶接では集光スポットのエネルギー密度向上と、深溶け込み溶接ではキーホール成長を誘導するレーザ光特性が重要です。また焼入れでは、表面溶融の防止に注意を要します。

穴あけにおける加工エネルギーと加工能力

　穴あけ特性にも加工材料の除去量に応じて加工エネルギーの最適化が必要です。除去に必要なエネルギーは、ワークの厚さや材質、加工する穴径、表面銅箔の有無によって決定されます。穴加工では、加工品質を考慮した加工エネルギーの投入方法も最適化が必要です。

❶穴あけの加工条件パラメータ

　表3-2-2には主な加工条件パラメータを示します。照射するレーザ光はパルス条件が基本になり、1パルス当たりのエネルギー、パルス幅、パルスのショット数を条件設定しますが、一穴当たりに使用されるエネルギーは1パルス当たりのエネルギーとショット数の掛け合わせた総エネルギーになります。この他に集光部のスポット径を決定するマスク径も制御しています。

❷樹脂種類と加工エネルギー

　表3-2-3にはほぼ同じ厚さの種類の異なる樹脂に対して、CO_2レーザによる穴径100 μmを加工する場合の一穴当たりの加工に使用される総エネルギーの比較を示します。ワークの溶融や蒸発に必要なエネルギー量や、加工品質を良好にする照射エネルギー分割を考慮した条件設定が行われます。

❸ワーク厚さおよび穴径と加工エネルギー

　図3-2-11はエポキシ系樹脂の厚さ、および加工穴径に応じて必要な総エネルギーの関係を示します。除去量となるワーク厚さ×穴面積の増加にほぼ比例して加工エネルギーが増えています。この加工エネルギーはパルス条件で照射しますが、エネルギーを均等に分割したパルスだけではなく、各パルスのエネルギーやパルス幅を調整しながら加工品質を最適化します。

　また、量産加工用に加工条件を探すための基本的な考え方は、加工条件裕度の確認を行い、その範囲の中心を最適値にします。**図3-2-12**の例では、条件出し済みの基準条件に対してエネルギーの減少と増加の変更を加えて、①から⑤に示す加工品質の良否判定を実施します。加工品質の良好を〇、不良を×で示しており、〇の範囲での中心に条件設定を必要とします。この例では①、②、④の評価から基準条件よりエネルギーを増加させる条件修正が必要です。

表 3-2-2 | 穴あけの条件パラメータ

| 1パルスのエネルギー（mJ） |
| パルス幅（μs） |
| ショット数 |
| 総エネルギー（mJ） |
| ビーム径制御のマスク径（mm） |

表 3-2-3 | 樹脂種類と加工の総エネルギー

樹脂の種類	厚さ（μm）	穴径（μm）	総エネルギー（mJ）
エポキシ系	50	100	4.5
ガラスエポキシ系	60	100	10.0
ポリイミド系	40	100	3.0

図 3-2-11 | 穴加工に必要なエネルギー

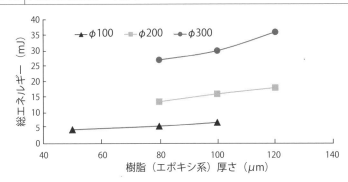

図 3-2-12 | 加工エネルギーの最適化

加工条件裕度	← エネルギー減少					基準条件	エネルギー増加 →			
①穴径の変化	×	×	×	○	○	○	○	○	○	○	×
②表面状態の変化	×	×	×	○	○	○	○	○	○	○	×
③内層銅箔ダメージ	○	○	○	○	○	○	○	○	○	○	×
④穴壁面状態	×	×	×	○	○	○	○	○	○	○	×
⑤樹脂残り	×	×	×	×	○	○	○	○	○	○	○

○：良好　×：不良　　条件修正

要点 | **ノート**

穴あけの加工条件は、対象の材料と穴径に対応したパルスのエネルギー設定が基本です。加えて、多くの加工品質を最適化するために各加工品質を良好にする加工条件裕度を確認し、その中心に加工条件を決定します。

切断における出力形態の最適化

　切断速度を高速にする場合は、ワークへの照射エネルギーを高出力で連続させて投入する必要があります。そのためには連続発振で得られるCW出力の設定が基本です。しかし過度な温度上昇により加工品質の低下する加工部では、投入する出力エネルギーの調整が容易なパルス出力を使用する必要があります。

❶溶損の発生

　軟鋼の厚板切断では、**図3-2-13**に示すように加工形状のエッジ部や終端部で溶損が発生しやすくなります。アシストガスに酸素を用いた軟鋼切断では、加工部に酸化反応熱が発生し、その熱伝導により高温状態の領域が広がるためです。一方、アシストガスに窒素やエアーを用いた切断では、酸化反応熱が生成されず溶損は発生しませんが、厚板の加工能力は低下します。

　同図①エッジ部での溶損の発生原因は、小さな角度で囲まれた領域では熱の逃げる範囲が制限され、エッジ先端の温度が過度に上昇するためです。同図②終端部での溶損の発生原因は、終端部にレーザ光が近付くとすでに形成されている切断溝によって断熱状態になり、ビーム周囲の温度が過度に上昇するためです。

　薄板の高速切断の場合は、これらの加工部分が過度な温度上昇をさせずに切断が可能なため溶損は発生しません。これは、ワーク内で熱が伝わって温度上昇する速度よりも早い速度で切断できるためです。

❷加工条件の切り換え

　厚板の軟鋼に対して**図3-2-14**に示す形状を切断する場合、溶損の発生がない直線や曲線部分をCW出力で高速切断し、エッジ部や終端部をパルス出力で低速切断する条件切り換えを行います。NCが持つ加工条件の自動設定機能では、終端部やエッジ部を自動認識して予め設定されている距離の加工条件を切り換えるため、簡単な操作で切断が可能です。加工条件の自動設定機能により切断した結果を**図3-2-15**に示します。

　溶損の防止以外でのパルス出力の活用は、ピアシングやマーキング、高反射材の加工条件で使用されます。いずれもワークへの入熱量を抑えながら短時間

での溶融能力を高めることが目的です。

図 3-2-13　溶損の発生

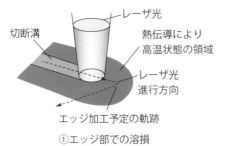

①エッジ部での溶損

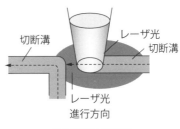

②終端部での溶損

図 3-2-14　切断条件の切り換え

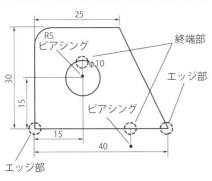

図 3-2-15　溶損の防止

材質・板厚：
SS400・22mm

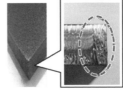

パルス条件部分

材質・板厚：
SS400・12mm

要点 ノート

軟鋼の厚板切断は、出力形態の加工品質への影響が顕著です。加工形状において、温度上昇による溶損の発生する部分は低周波数のパルス、それ以外は CW もしくは高周波のパルス条件に切り換えた加工条件の設定にします。

溶接、熱処理（焼入れ）における出力形態の最適化

　溶接では、パルス出力は高ピーク出力の効果が発揮されて熱影響を少なくする用途に用いられ、CW出力は高速度の要求や溶融作用に切れ目のない外観重視の用途に用いられます。熱処理（焼入れ）は、低出力の加工においてCW出力よりもパルス出力での硬度が上昇し、硬化深さも大きくなる傾向があります。

❶溶接での比較

　図3-2-16には上部ワークと下部ワークの重ね継手におけるパルス溶接とCW溶接の比較を示します。図中に示す溶接断面と溶接表面の写真は、同じ設定出力での加工結果です。

　パルス溶接の溶融断面はCW溶接の溶接断面よりも幅が狭く、熱影響の範囲も小さくなります。しかし、同図に示されるようにパルス発振されたレーザ光が間欠的な溶融を起こし、溶接表面には間欠的な溶融の痕跡が残るため表面品質は悪くなります。また密閉度の高い封止溶接の要求には、その溶融範囲を十分に重ねながら溶接を行う必要があります。

　一方、CW溶接は連続した溶融になるため、溶接表面も溶融深さもほぼ均一に形成されます。しかし、溶接幅はパルス溶接による幅よりも広くなり、熱影響の範囲も大きくなります。

　図3-2-17には溶接ひずみを抑えるためにパルス発振によるスポット溶接の適用例を示します。これ以外にもパルス溶接は、溶接部の溶け落ちが発生しやすい極薄板の溶接や微細な溶接に適用されています。**図3-2-18**は積層部品の側面をCW発振による溶接の適用例であり、溶接強度に加えて封止溶接の要求仕様に対応しています。

❷熱処理（焼入れ）での比較

　レーザ焼入れは、ワーク表面でレーザ光が吸収され発生する熱が金属組織を変化させ硬化します。出力が低出力ほどパルス出力とCW出力の加工品質への影響は顕著になり、**図3-2-19**に示すようにパルス出力による硬化層は大きくなります。レーザ焼入れはワーク内部への自己冷却により硬化するため、硬化層の境界は硬化層内部より冷却速度が向上し硬度が上昇します。またレーザ焼

入れには高周波焼入れで生じる不完全焼入れ層は、ほとんど発生しません。

図 3-2-16　出力形態と溶接品質

	溶け込み状態	溶接断面	溶接表面
パルス溶接	レーザ光の移動 上部 下部		
CW溶接	レーザ光の移動 上部 下部		

図 3-2-17　パルス発振による溶接

図 3-2-18　CW 発振による溶接

図 3-2-19　出力形態と焼入れ性能

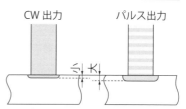

①低出力での硬化層の生成

②硬化層断面（S45C）

要点｜ノート

レーザ溶接や焼入れでは、低出力条件で加工能力を高める用途や、レーザ光の反射作用を抑える用途にパルス出力を使用します。加工面を滑らかにしたい用途や、高速加工の用途にはCW出力を使用します。

穴あけにおける出力形態の最適化

穴あけでは、1パルスごとの高精度なエネルギーの制御が必要なため、CW出力は使用せずパルス出力のみでの加工を行います。さらにパルスエネルギーの制御に加えて、パルス照射のパターンも加工特性に大きく影響します。ここでは穴加工で一般的な2つの照射パターンについて解説します

❶バーストパルス

3つの穴加工を例にした**図3-2-20**に示すパルスは、各穴加工に必要な総エネルギーを連続した3パルスの照射で与えるバーストパルスです。照射パターン（同図①）は、初めの穴に3ショット（**1**、**2**、**3**）を連続照射し、次の穴も3ショット（**4**、**5**、**6**）の連続照射、その次の穴も3ショット（**7**、**8**、**9**）の連続照射にて加工します。

このようなパターンではパルスとパルスのショット間隔が短いため、加工部の高温状態が維持されることで熱影響が増えたり、レーザ光の照射部から発生するプラズマや分解生成物がレーザ照射を妨げたりする現象を起こします（同図②）。その結果、穴壁面の品質や穴形状精度は低下することがあります。

パルス照射の位置決めを行うガルバノの動作数（同図③）は、3穴加工では2回（a、b）で済むため、加工時間は短くなり生産性は向上します。

❷サイクルパルス

図3-2-21に示すサイクルパルスは、パルスを1回ごと別の穴に照射し、各穴加工に必要な総エネルギーに達するまでの3回を繰り返します。照射パターン（同図①）は、1回目のショットを初めの穴、次の穴、その次の穴順のパターン（**1**、**2**、**3**）で照射します。照射終了後は初めの穴に戻り2回目のショットを同じパターン（**4**、**5**、**6**）で照射し、それが終了すると3回目のショットを同じパターン（**7**、**8**、**9**）で照射します。

このようなパターンではパルスとパルスのショット間隔が長いため、加工で発生する熱が冷却されます。かつ加工部で発生するプラズマや分解生成物が減衰するため、2回目以降のパルス照射が効果的に加工に使われます（同図②）。その結果、穴壁面や穴形状精度の加工品質は向上します。しかし、パルス照射の位置決めをするガルバノの動作数（同図③）は、8回（a、b、c、d、e、f、g、 h）にもなるため、加工時間は長くなり生産性は低下します。

図 3-2-20 | バーストパルス

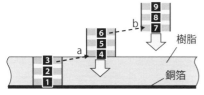

①照射パターン

図 3-2-21 | サイクルパルス

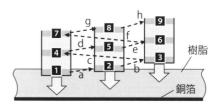

①照射パターン

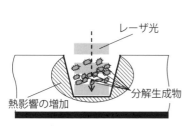

②加工品質への影響

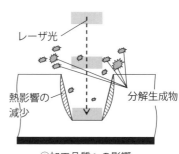

②加工品質への影響

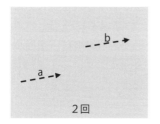

③ガルバノの動作数

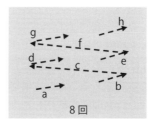

③ガルバノの動作数

要点 ノート

穴あけでの出力形態はパルス出力のみの使用になります。パルス照射のパターンにはバーストパルスとサイクルパルスの 2 種類があり、加工目的が加工品質優先と生産性優先とで使い分けます。

切断面のテーパ

　レーザ切断では切断溝幅の上部と下部で差が発生するため、ワークの切断面にはテーパが生じます（**図3-3-1**）。レーザ発振器の種類によってもテーパの度合は異なりますが、板厚9mmの軟鋼では上部と下部の溝幅で約0.1〜0.2mmの差が生じます。さらに、ステンレス鋼の切断では裏面へのドロスの発生を防ぐために、テーパをより拡大させて切断溝を通過するアシストガス流量や流速を増加させています。

❶テーパを考慮したプログラム

　板金部品の図面における寸法指定は、**図3-3-2**に示すように板金にテーパがないことを前提にワーク板厚の上部も下部も同じとして表示されることが一般的です。テーパの発生する現象を認識せずに図面の寸法指定とワーク上部の加工寸法を合わせると、ワーク下部の外形寸法が指定値寸法より大きく切断され、加工品製品が図面指定から外れることになります。加工担当者は加工軌跡をプログラムで修正したり、オフセットの設定に注意したりした加工を行う必要があります。

　また、**図3-3-3**に示す加工部品に嵌め合い構造が要求される場合では、穴径が大きくなる上部の直径Aではなく、挿入部品の通過を妨げる狭い側の下部の直径Bを指定寸法とした加工が必要です。そのため設計者は、図面指示には**図3-3-4**に示すように上部Aには溶け込み量が発生することや、下部Bは加工時の指定寸法であることを設計図面に注記するとよいでしょう。

❷テーパの発生現象を利用した製品設計

　このレーザ切断面に生じるテーパが再現性よく形成される特徴を活かして、そのテーパを利用した**図3-3-5**に示すような製品設計が行われています。一般に機械加工部品を板金の筐体に固定する場合は、固定用の機械加工部品を介して固定を行います。同図に示した例では、機械加工部品であるベアリングがレーザ切断で生じる板金筐体のテーパを利用して直接固定されます。そのため、従来必要であったベアリング固定用のテーパを加工した機械加工部品の準備とその取り付け作業が不要になり、さらに装置の軽量化やコスト削減、納期短縮の効果があります。

図 3-3-1 | レーザ切断面のテーパ

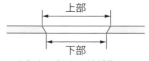

上部と下部とで差が生じる

図 3-3-2 | 一般的な寸法指定

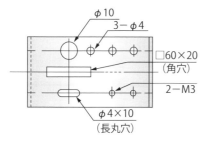

図 3-3-3 | 直径の指定

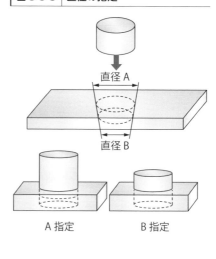

A 指定　　　　　　　B 指定

図 3-3-4 | 設計図面での注記

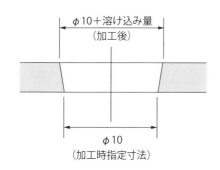

図 3-3-5 | テーパを利用した固定

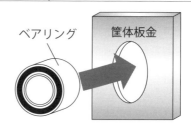

筐体板金の切断面テーパを利用した
ベアリングの固定

要点 | ノート

ワーク上部と下部の切断溝幅が異なるため、切断面にはテーパが生じます。切断面テーパの対辺寸法が加工品仕様に影響する場合は、テーパ形状を考慮した上部寸法か下部寸法かの精度指定が必要です。

切断面の粗さ

　レーザ切断されたワークの切断面粗さは、加工技術開発が進み大幅に改善されてきました。**図3-3-6**は板厚10 mmのステンレス鋼（SUS304）と板厚25 mmの軟鋼（SS400）の切断面写真です。両方のワークともに溶融金属の流れた痕跡が残っており、これが切断面粗さに影響を及ぼします。

❶発振器の影響

　レーザ切断機に搭載される発振器はCO_2レーザとファイバレーザがあり、発振器によってステンレス鋼の切断面粗さには**図3-3-7**に示すような明らかな差が生じます。切断面が酸化されない無酸化切断では、ファイバレーザの金属材料に対する吸収特性の高いことが影響し、溶融金属の流れを乱すと考えられます。そのため、ファイバレーザによるステンレス鋼の厚板における切断面粗さ改善の加工技術開発が積極的に進められています。ワークが薄板の場合は切断面粗さが目立たなくなるため、この限りではありません。

　一方、アシストガスに酸素ガスを使用した酸化反応を伴う軟鋼切断では、発振器の違いによる切断面粗さに大きな差は見られません。

❷ワーク表面状態の影響

　ワーク表面でのレーザ光の均一な吸収は、切断溝内での溶融金属の連続したスムーズな流れに必要です。**図3-3-8**には、流通している4種類（A社、B社、C社、D社）のSS400での表面状態を示します。これらの材料を切断するとA社とB社の材料は良好に切断できますが、C社とD社の材料では切断面粗さが悪化します。

　図3-3-9には、D社の材料で切断した場合の切断面写真を示します。切断面に切り込みのような深いキズのノッチがワーク表面を起点として発生しているのが見られます。この現象の発生理由は、ワーク表面のミルスケール（酸化膜）が剥がれている箇所と剥がれていない箇所の境界をレーザ光が通過する際に、レーザ光の吸収特性に変化が生じるためです。その結果、ワークの溶融状態が不連続になり溶融金属の流れが乱れるためです。C社の材料にはミルスケールの剥がれはありませんが、ミルスケールにクラックが発生しており、これが切断中に割れて分離しD社の材料と同じ結果を招きます。

　軟鋼の厚板切断では、材料選定や管理することの注意や加工テーブル上への切断材料を搭載する際の表裏選定の注意が必要です。

図 3-3-6 ｜ レーザ切断面

ステンレス鋼 10mm	軟鋼 25mm
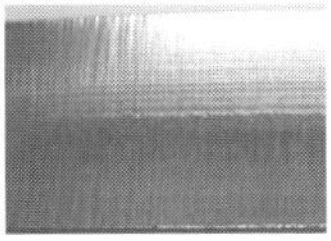 	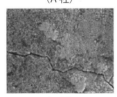

図 3-3-7 ｜ 発振器による切断比較

ファイバレーザ	CO_2 レーザ
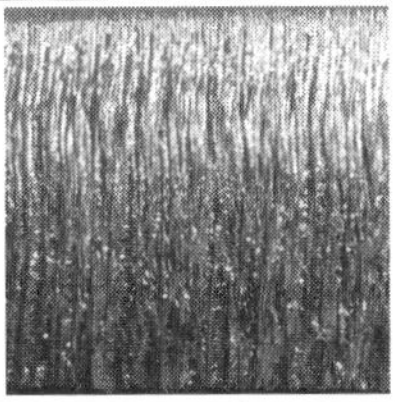 	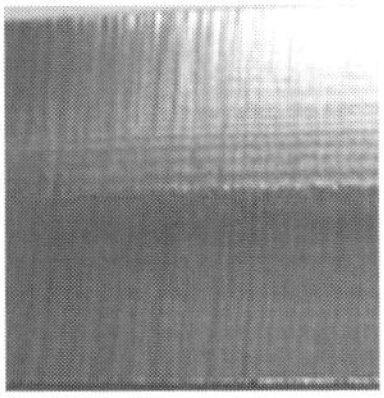 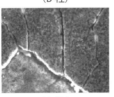

材質・板厚：SUS304・10mm

図 3-3-8 ｜ 軟鋼 (SS400) の表面状態

（A 社） 　　　　　　　（B 社）

（C 社）　　　　　　　（D 社）

図 3-3-9 ｜ ノッチの発生状態

ノッチ：切断面の一部に
大きな切込みのような
キズが発生する

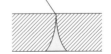

ノッチはワーク表面から
発生している

要点 ノート

レーザ切断面粗さは、切断溝内を流れた溶融金属の痕跡を示しています。この溶融金属の流れる挙動を左右するのは、レーザ光のワークへの吸収特性や切断溝内を流れるアシストガス特性などです。

切断部の熱影響

レーザ加工での切断面はワークの融点温度にさらされ、溶融金属が切断溝から排出されると急速に冷却（自己冷却）されます。そのため、切断面の表層や周囲は熱影響を受けて硬化したり酸化したりします。この熱影響は切断の後工程での加工に悪影響を及ぼすことがあるので注意が必要です。

❶硬化層の発生

鋼材の一部には切断面が焼入れ状態になるものがあり、レーザ切断部にタップやリーマなどの追加工のできないことがあります。また、切断部が曲げ加工されるとクラック（亀裂）の発生することもあります。切断面の焼入れ硬度は材料の炭素含有量に依存しており、SK、SKD、S45C、SKSなどでは完全焼入れの状態になります。

図3-3-10は板厚6mmのSS400とSK3をレーザ切断し、板厚中央部を切断面側から硬度測定した結果です。SS400はほとんど硬化しませんが、SK3は切断面近傍で約800Hvの硬度になり、0.15mmほど内部ではほぼ母材硬度になっています。図3-3-11にはSK3の切断溝断面と、板厚の上部Hu、中央部Hm、下部Hdでの硬化層（200Hv以上）の幅を示します。硬化層は切断溝の左右にほぼ均等に発生し、板厚上部から下部にかけて増加しています。これは、上部から下部に向かって溶融金属の湯流れが起きて、下部では高温の溶融金属の滞留時間の長いため硬化層の幅が大きくなっています。

❷酸化皮膜の発生

アシストガスに酸素を用いると切断面が酸化し酸化皮膜が形成されますが、窒素ガスを用いれば酸化作用が防止できる無酸化切断になります。無酸化切断面はそのまま溶接が可能であること、塗装が可能であること、耐食性が強いことなどのメリットがあります。図3-3-12は各種アシストガスでレーザ切断したSUS304の塩水噴霧試験の結果です。酸素ガスとエアーを用いて酸化した切断面には錆が発生しますが、窒素を用いた無酸化切断の断面には錆は発生しません。また、軟鋼材料を酸素ガスで切断したワークに塗装をすると、図3-3-13に示すように酸化皮膜と一緒に塗装の剥がれを起こします。この対策には発生した酸化皮膜を塗装の前工程で除去するか、酸化皮膜を発生させないアシ

ストガスを使用した切断にする必要があります。

図 3-3-10 | レーザ切断面の硬度

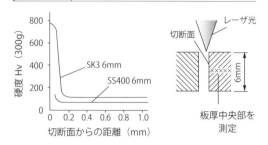

図 3-3-11 | 切断面からの硬化層幅

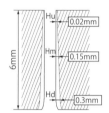

材質・板厚：SK3・6mm

図 3-3-12 | 切断面の評価

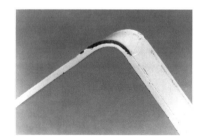

錆発生	錆発生	錆発生なし
アシストガス 酸素	アシストガス エアー	アシストガス 窒素

材質・板厚：SUS304・3mm
塩水噴霧試験：5%Nacl
試験温度　36℃
試験期間　1週間

図 3-3-13 | 塗装の剥がれ

材質・板厚：spcc・2.3mm

要点 ノート

レーザ切断部の熱影響として注意を要する現象には、硬化層の発生と酸化層の発生があります。硬化層は完全焼入れ状態となり、酸化層は酸化皮膜の発生に繋がるため、それぞれ後加工に悪影響を及ぼすことがあります。

ドロスの発生

　レーザ切断においてワークの加工部裏面に付着する溶融金属のドロスは、加工対象の材質・板厚によってその発生要因は異なります。

❶軟鋼

　酸素ガスによる軟鋼切断では、加工条件が適正であればドロスの発生はほとんどありません。厚板切断では加工部の酸素ガス純度やエネルギー密度が適正値から外れると、ドロスが発生します（**図3-3-14**）。同図は切断部の下方からの観察であり、ドロスが発生すると溶融金属の排出（火花）が乱れます。エアーや窒素ガスの切断では条件裕度が狭く、ドロスは発生しやすくなります。

❷亜鉛メッキ鋼板

　通常の軟鋼材料と比較して亜鉛メッキ鋼板では、ドロスが発生しやすく、メッキの付着量が多いほど、また板厚が大きいほどドロス量は増加する傾向にあります。SECCやSGCCなどの薄板はアシストガスに窒素かエアーを使い高圧のアシストガスで切断することにより、ドロス量は減少します。

　亜鉛量の多いプライマー材の加工は、表面の塗装膜除去とワーク切断とを分けて加工する二度切りを行います。一度切りでは加工中に発生する亜鉛蒸気が酸素ガス純度を低下させドロス発生になるためです（**図3-3-15**）。

❸ステンレス鋼

　酸素ガスを使用したステンレス切断ではドロスは付着しやすく、窒素ガスを使用した無酸化切断ではドロスは付着しにくくなります。**図3-3-16**には板厚30 mmの切断でガス圧が不足した条件での加工結果を示します。溶融金属を切断溝内からスムーズに排出することがドロスを発生させない加工原理であるため、板厚が大きくなるほどガス圧を低下させない注意が必要です。

❹アルミニウム

　アルミニウムの切断では、板厚が大きくなるほどドロス量は増加しますが、ドロス減少のめには高圧ガスの仕様が必要です。**図3-3-17**は板厚3 mm、4 mm、5 mm、6 mmのレーザ切断において、加工ガス圧と最大ドロス高さhの関係を示します。全ての板厚で高加工ガス圧ほどドロス高さは減少しています。

図 3-3-14 | 軟鋼切断でのドロス

切断方向　　　　切断方向　　　　　ドロス

①溶融状態が良好　　②溶融状態が不良

図 3-3-15 | 亜鉛メッキ鋼板でのドロス

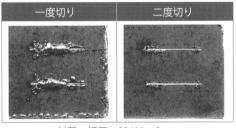

材質・板厚：SS400・9mm

図 3-3-16 | ステンレス鋼でのドロス

材質・板厚：SUS304・30mm

図 3-3-17 | アルミニウム切断でのドロス高さ

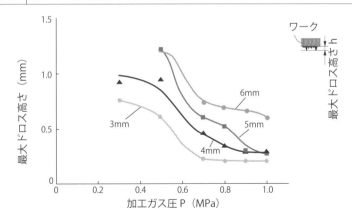

要点　ノート

ワーク裏面に付着する溶融金属のドロスは、加工対象によって発生状態は異なります。ドロス除去に要する後加工の負荷は生産性を低下させるため、ドロス発生の要因分析によってドロスを発生させない対策が求められます。

バーニング（セルフバーニング）の発生

　バーニング（セルフバーニング）は、酸化燃焼が起きるアシストガスに酸素ガスを用いた軟鋼切断で発生します。軟鋼の無酸化切断やエアー切断、酸化燃焼が起きないステンレス鋼やアルミニウムの切断では、バーニングは発生しません。

❶バーニングとは

　レーザ切断での切断溝は、**図3-3-18**に示すようにレーザ光や酸化燃焼にて溶融された高温の金属がワークから排出されて形成されます。この高温の溶融金属が持つ熱はワークの中に逃げて冷却され、燃焼反応が停止する位置が切断溝幅になります。しかし、この燃焼反応が停止せずに切断溝幅以上に大きく広がってしまう異常燃焼によってバーニングが引き起こされます（**図3-3-19**）。

❷バーニングの発生事例

　バーニングの発生原因として特徴的な3パターンを紹介します。

　（1）レーザ光の影響

　レーザ光はワーク表面で吸収されて熱を発生させますが、レーザ光の強度分布が乱れると切断溝内の燃焼も乱してしまいます。例えば光学部品が汚れて熱レンズ作用を起こすと、**図3-3-20**のようにレーザ光強度分布の裾野部分での乱れを大きくし、強度分布の乱れた側の切断溝上部は燃焼を停止させる温度以上の過剰な加熱になります。そのため、**図3-3-21**のように切断部は粗くなります。この強度分布の乱れがさらに大きくなると、バーニングを発生させます。

　（2）加工形状の影響

　切断で発生する熱の逃げる場所が減少するワーク形状では高温状態になり、バーニングが発生しやすくなります。**図3-3-22**の例ではエッジ先端の内側が熱の逃げる範囲を狭くしており、熱の集中を起こします。エッジの角度は小さいほど、かつワーク板厚は大きくなるほどバーニングは発生しやすくなります。

　（3）ワーク温度の影響

　間隔を狭くした小形状の多数数個取り切断では、**図3-3-23**に示すようにワーク温度を上昇させてバーニングを発生させます。この場合もワーク間隔が狭いほど、かつ板厚が大きいほど影響を受けます。

図 3-3-18 切断溝の形成

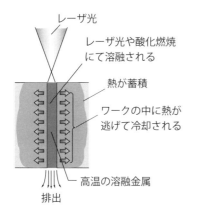

- レーザ光
- レーザ光や酸化燃焼にて溶融される
- 熱が蓄積
- ワークの中に熱が逃げて冷却される
- 高温の溶融金属
- 排出

図 3-3-19 バーニング

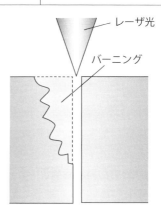

- レーザ光
- バーニング

図 3-3-20 レーザ光の影響

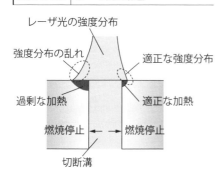

- レーザ光の強度分布
- 強度分布の乱れ
- 適正な強度分布
- 過剰な加熱
- 適正な加熱
- 燃焼停止 ← → 燃焼停止
- 切断溝

図 3-3-21 強度分布の乱れと切断部

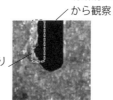

- 切断溝を上部から観察
- 粗くなっておりバーニングにつながる

図 3-3-22 加工形状の影響

- 熱
- 熱
- 熱の逃げる領域が小さくなり、熱が集中する

図 3-3-23 ワーク温度の影響

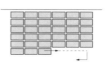

- コーナー R 部でバーニング

要点 ノート

酸化反応熱を利用した軟鋼材料の切断で発生するバーニング（セルフバーニング）は、切断精度を悪化させます。レーザ光の乱れや加工形状の影響、連続加工でのワーク温度の上昇などへの注意が必要です。

加工時間の短縮

加工時間は加工速度だけで決まり、高速条件に設定するだけで時間短縮になると考えがちですが、実際は多くの要因が関係しています。

❶加工時間を左右する要因

図3-3-24には薄板と厚板切断において、加工時間を決める要因とその影響度合いのイメージを示します。これらの要因の加工時間への影響は、薄板では各要因がほぼ均等な度合で影響しますが、厚板では同図a.加工速度とc.ピアシング時間の2つの要因の寄与度合がより大きくなります。加工時間短縮を試みる際には、これらの要因分析を検討課題の候補として意識しましょう。

❷異なる加工機による加工時間の比較

図3-3-25には、板厚1mmのステンレス鋼で周長2019mmの形状を4種類の加工機（A、B、C、D）で切断した、加工時間の比較を示します。加工速度は全て同一のF8000（8m/min）設定とし、他の条件は各加工機の標準加工条件を使用しました。加工時間は最短が加工機Dの53秒、最長は加工機Aの107秒であり、加工速度以外の要因が影響しています。

また、加工機Dの速度をF20000（20m/min）に設定したのが加工機Eの47秒です。加工速度を2.5倍にしても、それに見合った加工時間短縮になっておらず、加速度、倣い、その他などの要因が影響しています。

❸その他の要因

その他の要因（図3-3-24、e.）では、NCプログラムの内容が大きく影響します。加工開始や加工終了時には複数の工程を要するため、その部分のNCプログラムも複雑になります。この複雑なプログラムを簡素化するために、一般には図3-3-26①に示す加工開始と終了の工程をサブプログラムにします。サブプログラムは複数の作業をひとまとめにして1回の呼び出しで済ませますが、プログラムの処理数を増やすため加工時間を増加させてしまいます。

加工時間の短縮には、サブプログラムを使用せずMコードとGコードの直接入力にし、図3-3-26②に示すようにできるだけ1ブロックに並べて同時に処理できる配置にする必要があります。

図 3-3-24 加工時間に影響する要因の分析

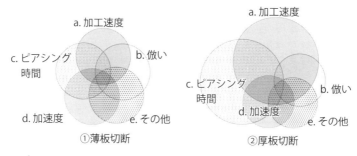

①薄板切断　　　　　　　　　　②厚板切断

図 3-3-25 加工時間の比較

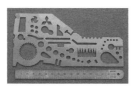

材質：SUS304
板厚：1mm
周長：2019mm

加工機	A	B	C	D	E
加工速度	F8000	F8000	F8000	F8000	F20000
加工時間	107秒	90秒	81秒	53秒	47秒

図 3-3-26 NC プログラムの要因

1) ピアシング条件の選択　┐
2) 倣い有効　　　　　　　│
3) センサー無効　　　　　│
4) アシストガス噴射　　　│
5) ビーム照射　　　　　　├ 加工開始部
6) ビーム停止　　　　　　│ の工程
7) 高アシストガス噴射　　│
8) 切断条件の選択　　　　│
9) センサー有効　　　　　│
10) 高アシストガス停止　　│
11) ビーム照射　　　　　　┘

1) ビーム・アシストガス停止　┐ 加工終了部
2) 倣い停止　　　　　　　　　┘ の工程

①加工開始と終了の工程

```
M76
M86   ⇒ M76 M86 M102
M102
```

```
G1 X20. Y20.      G1 X20. Y20. M109
M109          ⇒   G0 X200. Y260.
G0 X200. Y260.
```

②プログラムの短縮

要点 **ノート**

加工時間の短縮には、加工速度の向上以外にも多くの要因が影響します。さらにそれらの要因は、加工対象によっても加工時間短縮への関与の度合いは異なります。

歩留りの改善

　板金部品の一般的な切断では、**図3-3-27**に示すように定尺材の素材から部品を切り出しますが、各部品間に生じる切り残し幅が製品に寄与しない無駄な部分になります。さらにワークの板厚が大きくなるほど、切り残し幅を大きくする必要があるため、厚板ほど歩留りの悪化が課題になります。

❶共通線による切断

　図3-3-28は、切断形状の一辺を他の部品と共通にした切断方法です。1つの切断軌跡が2部品の加工経路を共通化して形成するため、切り残し幅を発生させません。さらにレーザ切断の経路長や、ピアシング（加工開始穴の開孔）回数も減るため、加工時間の短縮にもなります。曲線形状では隣り合う部品の共通経路が生じないため共通線切断は使えませんが、直線部からなる形状では直線距離の長い辺を共通経路にします。しかし、この方法では加工品が分離される際に傾いて、加工ヘッドと接触する可能性があります。そのため、加工プログラムでの加工順序や加工方向が適正か否かの事前確認が必要です。

❷フラットバー（平鋼）による切断

　図3-3-29は、切り出す部品の幅と同じ幅の素材であるフラットバー（平鋼）による加工方法です。素材幅と加工部品の幅とを共通化することで、2面の切断が不要になり切断の経路長を短縮できます。さらに切断の開始が素材の端部からになるためピアシング回数を減らす効果もあります。この方法での注意は、フラットバーと加工部品の位置決めを高精度に行う必要があること、加工開始部の切断現象が不安定になり切断面粗さの悪化することがあります。

❸ネスティングによる切断

　ネスティングは形状ごとに必要数を指定するだけで、所定の素材寸法内に図形を配列する機能です（**図3-3-30**）。コンピュータが図形の反転・回転、さらに図形内の非製品部分への配置を自動で行うなど、材料歩留りをできる限り向上させる機能を持っています。その1つに、素材から切り出す廃棄部分に部品を割り付けるパーツインパーツも容易に行えます。**図3-3-31**は廃棄される円の部分に部品を配置し、歩留まりを向上させた例です。

図 3-3-27 | レーザ切断での切り残し

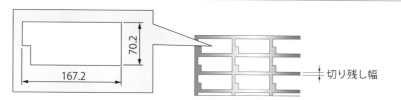

切り残し幅

図 3-3-28 | 共通線切断

隣り合う部品を共通経路で切断

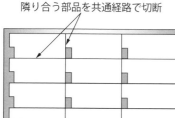

図 3-3-29 | フラットバー切断

素材幅

図 3-3-30 | ネスティングによる切断

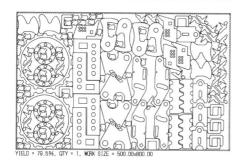

YIELD = 79.5%, QTY = 1, WORK SIZE = 500.00x800.00

図 3-3-31 | パーツインパーツの例

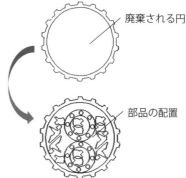

廃棄される円

部品の配置

要点 ノート

素材価格の高い材料の切断では、歩留りの向上が生産者の重要なテーマです。
加工対象の材質や板厚、加工形状に応じて、共通線切断やフラットバー切断、
ネスティング切断などから最適な加工法を選択します。

オフラインティーチングによる
生産性向上

　三次元レーザ加工機には、ワーク形状に合わせた座標位置、および加工ヘッドの回転軸制御を含む位置と姿勢データのティーチング（教示）が必要です。さらに、このティーチングデータに基づいて不足データの補完を加えて、プレーバック制御により加工が行われます。

❶ティーチングの作業

　従来は、レーザ加工機のテーブル上にセットされたワークに対して加工を中断して行うティーチング作業は、生産性低下の原因となっていました。そのため実加工時間比率の向上を図るため、外段取りでティーチングを行う手段として、オフラインティーチングの導入が進んでいます。初期のオフラインティーチング開発では、簡易三次元測定器に回転ヘッドを付加した構造でした。しかし、三次元CADの性能・機能向上やシミュレーション技術の向上に伴い、現在はパソコン上で全ての作業を行えるようになっています。

❷オフラインティーチング

　オフラインティーチングは、パソコン上にて加工対象ワークの三次元モデルに対して加工経路を割り付けてNCを作成するものであり、作業の流れは下記の通りです（**図3-3-32**）。

　　①三次元モデル読み込み：金型のCADデータ（IGESやParasolidなど）を
　　　利用
　　②加工経路作成：少ない教示点で外周や穴、加工順序を判別し経路を生成
　　③加工経路編集：加工とワークの干渉を回避した経路に編集
　　④全体経路チェック：加工機全体の動作確認、修正箇所の詳細を確認
　　⑤治具作成と編集：ワークへフットした治具、部分的な支え治具にも対応
　　⑥治具経路生成：治具データをレーザ切断用の部品に二次元展開
　　⑦NCデータ生成：加工条件を割付けし3DNCまたは2DNCデータで出力

　三次元レーザ加工機の対象である絞り製品は、成形後のスプリングバック変形を伴い、かつ加工の進行とともに新たな変形が徐々に進行する性質があります。そのため、オフラインティーチングデータとの誤差が発生し実加工ではデータ修正作業を必要としますが、ティーチング時間の大幅削減は可能です。

図 3-3-32 | オフラインティーチングの流れ

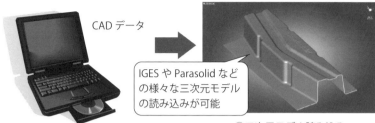

CAD データ

IGES や Parasolid などの様々な三次元モデルの読み込みが可能

①三次元モデル読み込み

一括で経路を自動で生成。外周・穴・穴マクロ・加工順を自動判定

教示点を極力少なくする

②加工経路作成

干渉経路を自動除去。ヘッド先端部を考慮した回避

③加工経路編集

修正した箇所のみを部分的にチェックが可能

全体治具や部分治具、任意方向治具などの生成可能

④全体経路チェック

⑤治具作成と編集

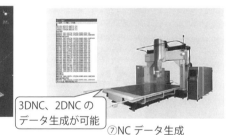

レーザ切断

3DNC、2DNC のデータ生成が可能

⑥治具経路生成

⑦NC データ生成

要点　ノート

三次元切断の加工プログラム作成には、加工座標を教示するティーチング作業が必要です。生産性向上には加工機の加工停止時間を少なくしたティーチング作業が必要であり、この方式がオフラインティーチングです。

ワーク管理と切断品質

　レーザ加工は、ワーク表面でのレーザ光吸収によって熱が発生するため、切断品質は材料の表面状態に影響を受けます。そのためレーザ切断のワークは、他の加工方法と比較して保管における管理を厳しくする必要があります。

❶レーザ光の吸収と加工

　レーザ切断現象は図3-3-33に示すように、①レーザ光を材料表面に照射、②レーザ光の吸収によって溶融が発生、③溶融部分がアシストガスによって燃焼、④燃焼がさらに板厚方向に進展、⑤溶融金属が切断溝から排出の5工程よりなり、これを繰り返します。ワーク表面の状態は、②のレーザ光の吸収特性に大きく影響し、異なる表面状態が混在するとレーザ光の吸収がばらつき、発生する熱量も変化するため切断面品質を悪化させます。

❷切断品質に影響する要因

　ワーク表面でのレーザ光の吸収特性を変化させる要因としては、図3-3-34に示すマーキング、錆、キズ、汚れなどが考えられます。レーザ切断の加工条件は標準的な表面状態に対応した設定になっていますが、図示した要因がワーク表面に存在すると発生する熱量が異なってしまいます。

　このような表面状態になっていないワークを調達することと、調達後のワーク管理でも不安定要因の発生をさせないことに注意が必要です。

❸切断品質の悪化

　図3-3-35は板厚25 mmのSS400を同一ワークでありながら、ワーク面Aと面Bを上下逆転させて切断した結果です。A面には、錆が発生し表面スケールにも剥れが起きています。このA面側をレーザ光の照射面にして加工すると切断面品質は悪化します。一方、B面は均一なスケール状態であり、このB面側を照射面にすると良好な切断面になります。

　ワーク管理において表面状態を悪化させてしまった場合は、表面状態の良好な面を上面側として加工機へ搭載させます。また、反転が不可能な場合は、不安定な材料表面の切断軌跡を低出力のレーザ光を用いて均一に溶融させ同一表面状態にして、その後に切断を行う二度切り法で対応します。

図 3-3-33 | レーザ光の吸収と加工

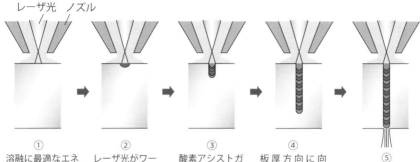

レーザ光　ノズル

① 溶融に最適なエネルギー強度分布のレーザ光を照射

② レーザ光がワーク表面で吸収されて溶融が発生

③ 酸素アシストガスによって燃焼反応が開始

④ 板厚方向に向かって燃焼反応が進展

⑤ 溶融した金属が切断溝から排出

図 3-3-34 | ワーク管理での加工品質に影響する要因

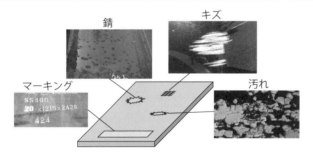

錆

キズ

マーキング

汚れ

図 3-3-35 | ワーク表面状態と切断面品質の関係

	ワーク表面の状態	切断面の写真
A面 ∨ SS400 25mm B面		
B面 ∨ SS400 25mm A面		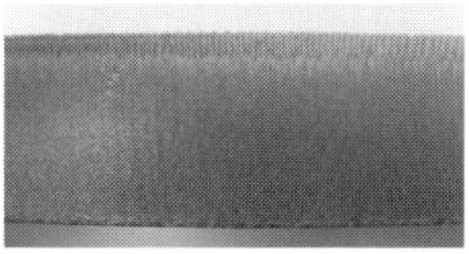

要点 ノート

ワークの表面状態の乱れはレーザ光の吸収特性を変化させ、切断品質にも大きく影響します。そのため、錆やキズ、汚れなどの発生を抑えたワークの調達や、保管と管理が必要です。

寸法精度の補正における注意点

　予め決められた加工軌跡のプログラムに対して、加工現場でレーザ光の走査する経路を調整（オフセット）することができます。このオフセット機能を使いレーザ切断する部品の寸法を補正しますが、図面の公差指定に応じた調整に注意が必要です。

❶切断溝幅と加工寸法

　図3-3-36に示す通り、図面の指定寸法L1に対してレーザ光の走査する経路をL1上に設定すると、加工寸法は切断溝幅Wだけ小さいL2になります。具体的には片側の辺が切断溝の半分（W/2）だけ小さくなるため、両側ではWの縮小となり、L2＝L1－Wになります。

　この一辺が小さくなるW/2を外側にシフトさせて経路を調整（オフセット）し、切断する必要があります。1つの連続した経路に設定できるオフセット値は1つの値であることが基本のため、公差指定が異なる位置にも均等なオフセット値が設定されてしまうことに注意しなければなりません。

❷オフセットによる調整の注意点

　図3-3-37の①に示す加工形状の例では、Aに対して±a、Bに対して±bの公差指定です。設定するオフセット値は図面寸法（A、B）に均等な設定になるため、加工形状の全ての経路に対して均等な微調（同一オフセット値）を行うことになります。しかし、同図②に示す加工形状の例では、Aでの公差指定が＋aのようなプラス側に限定されます。切断溝幅が大小にばらつく（±に振れる）ことの調整がオフセットによる経路補正の基本のため、A辺の寸法に対してのみプラス側だけに調整することができません。

　そのため、加工担当者は、設計図面の公差指定に応じてレーザ切断に適した加工プログラムの変更が必要になります。切断溝幅のばらつきを加工形状の全般に渡って同一のオフセット値で調整できるようにします。具体的には、同図③に示すように、オフセット設定の中心と図面寸法基準を同じにするため、Aの公差である0と＋aの中心値であるa/2を形状寸法に反映してA＋a/2でプログラムします。寸法Bは公差の中心となるため、そのままの値を加工プログラムにします。このことにより、1つの経路に同一のオフセット値でしか加工で

きないレーザ加工機でも高精度に加工することが可能になります。

図 3-3-36 切断溝幅と加工寸法

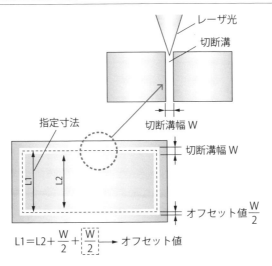

$$L1 = L2 + \frac{W}{2} + \boxed{\frac{W}{2}} \longrightarrow オフセット値$$

図 3-3-37 公差指定とオフセット

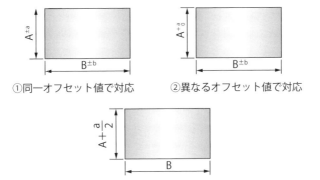

①同一オフセット値で対応　②異なるオフセット値で対応

③同一オフセット値で対応

要点 ノート

切断溝幅に相当する分の経路補正をするオフセット量は、集光スポット径の変化に影響されます。加工レンズなどの汚れによる熱レンズ作用や焦点位置設定に誤差が発生するとスポット径が変化しますので注意が必要です。

曲げ加工での変形

レーザ切断は、微小スポット径に集光した高エネルギー密度熱源を用いてワークを溶融させる熱加工です。そのため切断面近傍には残留応力が発生し、切断に続く後加工に悪影響を及ぼすことがあります。

❶切断部の加熱と冷却

レーザ切断の特長は、切断溝幅が狭いためワーク全体に対する入熱量は少なく、一般には熱変形は小さく抑えられます。しかし、狭い切断溝幅であることは、逆に切断面近傍が急速に加熱され、ワークの内部に向かって急速冷却の状態になります。図3-3-38には切断中の溶融金属から切断溝周囲に発生する急速加熱の領域と、そこでの熱が急速に自己冷却されるイメージ図を示します。

❷残留応力の発生

切断面近傍にて急速加熱と急速冷却が行われた結果、図3-3-39に示すように加工部から内部に向かって切断面の近くでは引張りの残留応力、その内側では圧縮の残留応力が生じます[7]。この切断溝周囲に発生した残留応力は、加工製品が広い幅の場合や、切り板のままの使用の場合には問題になりません。しかし、曲げ加工のような応力を加える後加工を伴う場合は注意が必要です。

❸残留応力の加工製品への影響

レーザ切断後に切断面近傍に曲げ加工を施した場合に、変形を発生させます。具体的には、図3-3-40のように、切断部近傍の端面を90度曲げると、図示する凹型形状の変形が発生します。しかし、切断部に発生する熱の影響が及ばない切断面から離れた距離を曲げる場合にはこの変形は発生しません。

図3-3-41に示す加工製品の縦寸法（L）と横寸法（W）の縦横比率が大きくなる形状でも変形が生じます。この変形にはワーク温度が上昇することによる熱ひずみの影響も加わり、軟鋼よりもステンレス鋼やアルミニウムでの変形が大きくなります。

変形の対策には、入熱量を削減する集光性の高い加工条件や発振器の選定、残留応力を除去するためにワークをレベラーに通すことなどが考えられます。

図 3-3-38 | 切断部の加熱と冷却

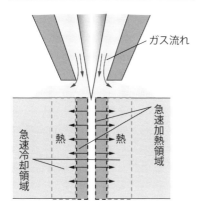

図 3-3-39 | 切断面周囲の残留応力

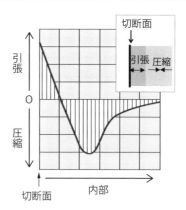

図 3-3-40 | 曲げで生じる変形

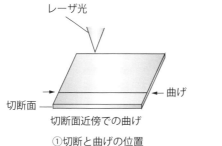

①切断と曲げの位置

②変形の発生

図 3-3-41 | 加工形状と変形

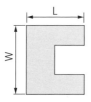

①縦横比の小さい形状

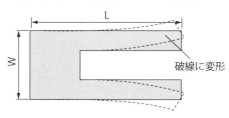

②縦横比の大きな形状

要点 ノート

急速加熱と冷却が起きる切断面近傍には残留応力が発生し、レーザ切断後にひずみによる加工精度の悪化を招きます。これらの対策には、入熱量をできるだけ少なくする切断条件の設定が必要です。

溶接に適用される継手

　レーザ溶接での継手とレーザ溶接に特有なビードの評価方法を解説します。

❶溶接継手の種類

　レーザ溶接の代表的な継手を**図3-4-1**に示しますが、その選択には様々な使用環境を考慮して決定する必要があります。

- ・突合せ継手：溶接するワークをほぼ同一面内で突き合わせる継手。突合せ面にギャップがあると、レーザ光がギャップを通過してしまい溶融されないので、その場合はレーザ光を受ける裏当てや段付きの継手にする
- ・重ね継手：ワークを上下に重ねた溶接。重ね継手の溶接は突合せ溶接で生じたギャップは存在しないため、開いているギャップを埋めることや、合わせ面の高精度な位置決めなどの突合せ継手における施工上の大きな課題はなくなる。レーザ溶接において積極的に採用したい溶接継手
- ・すみ肉継手：ほぼ直角に交わる2平面のすみ（隅）に溶接を行い、2つのワーク面をつなぐ溶接。継手部は複雑な形状になり、引張り負荷を受けると応力集中が生じるため、突合せ継手よりも強度が劣る傾向にある
- ・ヘリ継手：溶接しようとするワークを2枚もしくはそれ以上の枚数を、ほぼ平行に端面を揃えて重ねた状態で端面側を溶接する継手
- ・フレア継手：円弧と円弧（例えば板曲げ加工した曲面同士やパイプ外面同士など）、または円弧と直線とでできた開先形状の溶接をする継手

❷レーザ溶接の能力評価

　レーザ溶接能力の評価項目には、**図3-4-2**に示す①非貫通溶接ではワーク表面でのビード幅W、溶け込み深さP、溶け込み深さの1/2でのビード幅W′、アスペクト比P/Wなどがあります。同図②貫通溶接では、上記以外に裏面でのビード幅W″を加えた項目が能力評価の対象となります。

　これらの評価項目は加工対象の要求強度から規格が決まり、加工条件やワークの物性によっても変化します。さらに溶接長さが大きくなると、熱レンズ作用の影響を受けて品質が変化することも考慮して、加工開始部と終了部にて前述した評価項目の比較をすることも必要です。

図 3-4-1 レーザ溶接の代表的な継手形状

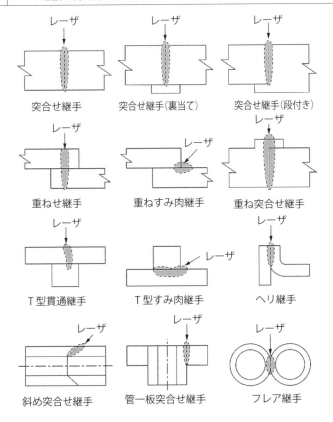

突合せ継手　突合せ継手（裏当て）　突合せ継手（段付き）

重ね継手　重ねすみ肉継手　重ね突合せ継手

T型貫通継手　T型すみ肉継手　ヘリ継手

斜め突合せ継手　管一板突合せ継手　フレア継手

図 3-4-2 溶接能力の評価

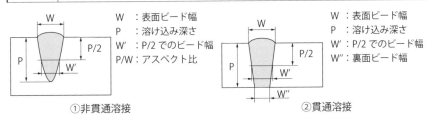

W　：表面ビード幅
P　：溶け込み深さ
W'：P/2でのビード幅
P/W：アスペクト比

①非貫通溶接

W　：表面ビード幅
P　：溶け込み深さ
W'：P/2でのビード幅
W"：裏面ビード幅

②貫通溶接

要点　ノート

微小スポットに集光されたレーザ光は位置決め精度の確保が課題になることがあります。既存のアーク溶接などをレーザ溶接に置き換える場合、溶接継手はレーザ溶接に適した構造に設計変更することが重要です。

突合せ溶接での注意

微小スポットによるレーザ溶接は、局所的溶融による低ひずみ加工が特長ですが、その反面、溶接部が狭まるため突合せ継手には十分な注意が必要です。

❶切断方法と許容ギャップ幅（突合せ継手）の関係

図3-4-3は板厚0.15 mmのステンレス板に対し、レーザによる突合せ溶接をする場合の各種切断方法と最大許容ギャップの関係を示します。図中の①はシャーカットした切断面のダレを機械加工で仕上げた断面、②はシングルのシャーカットした断面、③はダブルのシャーカットした断面、④はレーザ切断した断面を示します。図中には各切断方法による加工のばらつきと、切断面を突合せた場合の溶接が可能な最大許容ギャップ幅が示されています。③のシャーカットの断面は加工ばらつきが最も大きく発生し、かつ40 μm以上のギャップになると許容範囲を外れて溶接不良を起こします。一方、レーザ切断の加工ばらつきは機械加工と同等の40 μmに収まり、そのため60 μmまでの広いギャップが許容されることを示しています。

❷突合せ精度の管理

理想的な端面を持った突合せ継手においても、**図3-4-4**に示す要因の管理が必要です。

（1）突合せ部のギャップ

許容されるギャップgは板厚によって変化します。

・板厚t（mm）が1 mm以上の場合：$g \leq \sqrt{t/10}$

・板厚t（mm）が1 mm未満の場合：$g \leq t/10$

（2）突合せ部の目違い（段差）

目違いσは、板厚t（mm）/5以下が目安となります。

（3）突合せ部の狙い位置ずれ

レーザ光の照射位置とギャップ中心位置との狙い位置ずれLは、0.1 mm以下が目安となります。しかし、ギャップの発生が回避できない場合は、**図3-4-5**に示すビームウィービング溶接やフィラワイヤの送給で対応します。

図 3-4-3 | 切断方法と最大許容ギャップ

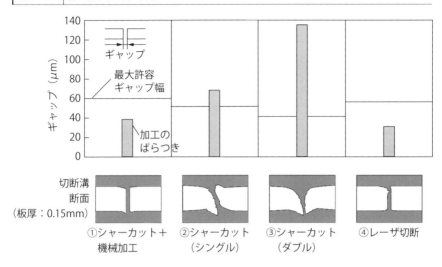

切断溝
断面
（板厚：0.15mm）

①シャーカット＋　②シャーカット　③シャーカット　④レーザ切断
　機械加工　　　　（シングル）　　（ダブル）

図 3-4-4 | 突合せ精度の管理

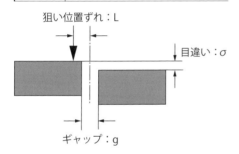

①ギャップ：g
　・板厚 t が 1mm 以上の場合：g ≦√t/10
　・板厚 t が 1mm 未満の場合：g ≦t/10
②目違い：σ　　　　　　　　σ≦t/5
③狙い位置ずれ：L　　　　　L ≦0.1

図 3-4-5 | ビームウィービング溶接

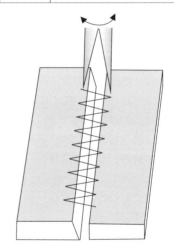

要点 ノート

突合せ継手ではワーク端面形状や突合せ精度が溶接品質に大きく影響します。
一般には、前工程でワークのレーザ切断を実施し切断面の酸化皮膜を除去した
後に、切断面を突合せ溶接する方法が行われます。

嵌め合い構造での注意

　嵌め合い構造では、単純な突合せ継手とは異なり、応力や位置決め精度が溶接に影響するため、**図3-4-6**に示す注意が必要です[4]。

❶しめ込み部分の円周溶接

　シール（封止）パスでは、一般的に0.013〜0.025 mmのギャップがしまりばめ状態で固定される溶接を意識します。しまりばめが不適当な場合は、浅い溶け込みの仮付け溶接で同心円に固定した後に、本溶接を行う方法にします。なお、仮付け溶接はレーザによるスポット溶接を使います。

❷部分溶け込みの円周溶接

　部分溶け込みの溶接では、クサビ形のビードになるため、角変形が生じやすくなります。溶接位置に逃げ溝を設けて、パラレルビードに近い溶け込み形状が得られるようにします。しかし、拘束の大きな継手や高応力の加わる用途には、部分溶け込みは避ける必要があります。

❸嵌め合い精度の悪い突合せ溶接

　突合せ継手では段付きを使用し、突合せ底部でレーザ光を受ける構造にします。ただし、大きい応力の加わる継手では段付きの使用はできません。また、対象部品ではシャープコーナーはできるだけ避け、C面取りまたはコーナーRを付けて、部品の組み合わせ（密着）精度を高める必要があります。

❹丸棒や管の突合せ溶接

　突合せ継手において低い応力が加わる場合、あるいは内面にビードの発生が好ましくない場合などは、段付き継手が適します。

❺段付き継手の溶接

　段付き溶接の場合は、溶接部の横収縮を調節するために、0.15 mm程度のギャップを設ける必要があります。

❻密閉される空間がある溶接

　密閉される空間がある部品の溶接では、必ずベント（空気逃げ穴）の設定が必要です。ベントは、溶接時の密閉空間での発生物が抜けるように作用します。

❼その他

- 突合せ継手で裏当金を使用する場合は共金を用いる。冶金的に母材と異なる材料の使用は好ましくない
- 高い応力、特に疲労強度の対策を要求される部分には重ね継手は好ましくない
- 重ね継手を用いる場合は、板間のギャップがないように十分密着させる必要がある

図 3-4-6 | 継手の工夫

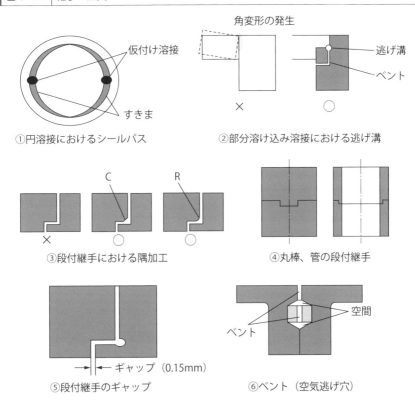

①円溶接におけるシールパス　②部分溶け込み溶接における逃げ溝

③段付継手における隅加工　④丸棒、管の段付継手

⑤段付継手のギャップ　⑥ベント（空気逃げ穴）

要点 ノート

嵌め合い構造のレーザ溶接では、平板の単純な突合せ溶接と同様に位置決め精度の確保が重要であり、加えて発生する応力や密閉空間での発生物の扱いにも注意が必要です。

よく見られる溶接不良

レーザ溶接で発生する溶接欠陥のパターンを図3-4-7に示します[4]。

❶アンダーカット

ビードとワークとの境界に連続的に発生する凹部は、アンダーカットといい、この部分には応力が集中しやすく、疲労強度不足の原因となります。

❷アンダーフィル

ギャップが大きい溶接継手は、溶融金属が空間を埋めきれずビード表面がワークの表面や裏面より内側に生じるアンダーフィルになります。アルミニウムやその合金を貫通溶接する場合も、アンダーフィルが発生しやすくなります。

❸ブローホール、ポロシティ、ピット

CO、N_2などのガスが溶融池に気泡となって残留したものをブローホールやポロシティといい、ビード表面近傍のものをピットということもあります。

❹溶接割れ

アルミニウム合金や合金鋼では、溶融から凝固する際に割れの発生することがあります。ビードの中央部や終端部に低融点介在物の偏析が生じ、凝固時の収縮応力が集中するためです。炭素含有量の多い炭素鋼でも発生します。

❺ハンピング

湯流れの悪い材料を極端な高速度で溶接すると、溶接ビードの表面が荒れてハンピング現象が生じます。良好な溶接ビード表面と比べて、えぐれたような表面状態になることもあります。

❻狙いずれ

目標とするトレースラインAに対して、実際のトレースラインBが外れることを狙いずれといいます。

❼スパッタ

溶接時に溶融池から高速飛散する金属粒子のことをスパッタといい、スパッタの金属粒子が大きくなるとワーク表面や加工レンズに付着します。

❽クレータ

ビード終端部で凝固が遅れた溶融金属が凝固側に誘引されて発生する凹部を

クレータといい、材料種類や溶接条件などによっては割れることもあります。

❾熱ひずみ

溶接時に発生する熱によって膨張や収縮の応力が発生し、熱ひずみになります。溶接線方向に対応して回転ひずみや縦ひずみと表現することがあります。

図 3-4-7　主な溶接不良

① アンダーカット

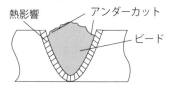

② アンダーフィル

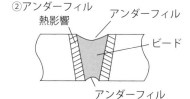

③ ブローホール、ポロシティ、ピット

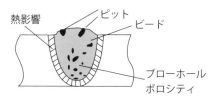

④ 溶接割れ

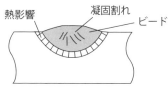

⑤ ハンピング

⑥ 狙いずれ

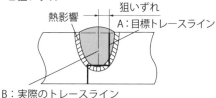

⑦ スパッタ

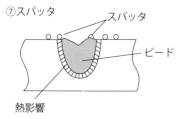

⑧ クレータ

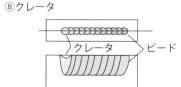

要点　ノート

高エネルギー密度で狭い溶融範囲を急速加熱するレーザ溶接は、レーザ溶接に特有な溶接欠陥を生じさせます。事前の加工条件出しやワーク管理を徹底することで、溶接欠陥の発生を防止します。

熱処理の種類と加工特性

レーザ熱処理の実用化が進む代表的な加工を**図3-4-8**に示します。

❶表面焼入れ

レーザ光の照射部はオーステナイト変態を起こし、レーザの通過後は自己冷却によって急冷されマルテンサイト変態を起こして硬化します。ワーク内部への熱拡散による冷却のため、ワークには冷却に十分な容積（板厚）が必要になります。また、レーザ光の吸収特性は焼入れ性能を左右するため、波長の短い吸収特性のいい半導体レーザやファイバレーザの適用が主流になっています。

❷表面溶融（チル化）

ワーク表面をレーザ光で直接溶融させる加工法であり、特に鋳鉄部品では早くからレーザ加工の適用が検討されていました。チル鋳物では金型によるワークの全面を処理する方法でしたが、レーザ加工は一部分のみにチル化が可能です。広い面積の全体を加工するとレーザ光照射部の重なる部分で割れが発生するため、連続した加工ではなく部分的な加工にする必要があります。

❸肉盛（クラッディング）

ワーク表面層に添加材料を溶融させて覆うクラッディングにおいて、局所的な高エネルギー密度を提供するレーザ加工は希釈率の制御性が高くなります。レーザによるクラッディングには粉末供給法と粉末静置法の2つの方法があります。プラズマ熱源による加工方法と比較して、高融点の添加材料が適用可能、低い希釈率が可能、低熱ひずみであることなどの特長があります。

❹合金化

合金化はワークの溶融部分に合金元素を供給し、表面層に新しい組織層を形成することです。合金化の課題には、形成する合金層の組織が不均一になること、合金層にポロシティや割れの発生がありますが、レーザ光の走査条件の最適化や、加工工程と添加材料の酸化防止などによって対策を図ります。

❺ピーニング

超短パルスレーザの照射による蒸発作用を利用した機械的・物理的な材料加工法です。水中のレーザアブレーションによって金属表面に発生する高圧プラズマのエネルギーを金属内部への衝撃波エネルギーに変換させ、その圧力で金

属表面の残留応力や加工硬化を起こします。原子力産業や航空機産業において応力腐食割れや疲労破壊の防止に用いられています。

図 3-4-8 レーザ熱処理の種類と加工方法

分類	施工方法	分類	施工方法
表面焼入れ Surface Hardening	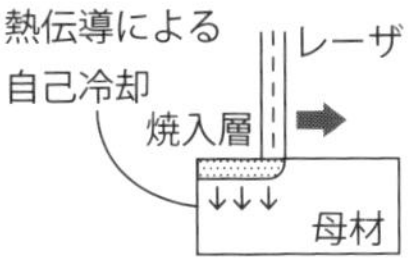 熱伝導による 自己冷却　焼入層→レーザ →母材 S45C の場合 深さ：1.5mm 以下 硬さ：HRC55〜60	合金化 Alloying	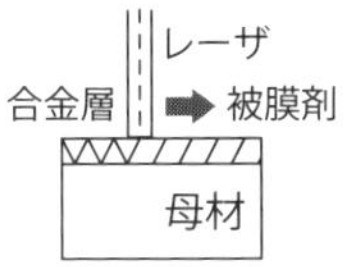 合金層→被膜剤　レーザ →母材 Cr 合金の場合 深さ：0.5mm 以下 硬さ：HRC55〜65
表面溶融 （チル化） Surface Melting	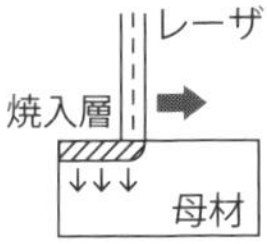 焼入層→レーザ →母材 鋳鉄の場合 深さ：1mm 以下 硬さ：HRC55〜60	ピーニング Peening	超短パルス 透明体（水）→レーザ プラズマ 衝撃波　母材 エネルギー
肉盛 （クラッディング） Clading	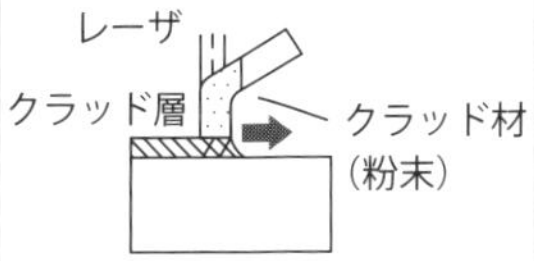 レーザ クラッド層→クラッド材（粉末） ステライトの場合 深さ：3mm 以下 硬さ：HRC40〜50		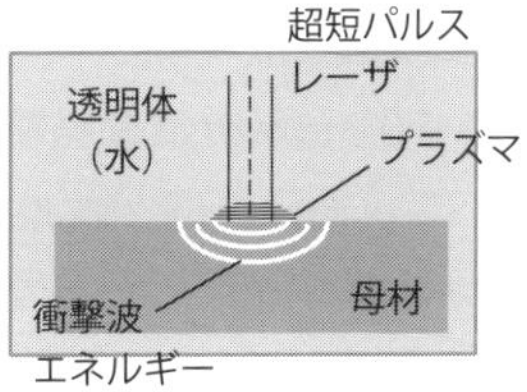

要点　ノート

ワーク表面への低エネルギー密度のレーザ光照射は、ビーム吸収特性を低下させていました。しかし、波長の短いファイバレーザや半導体レーザの普及は吸収特性を向上させたため、レーザ熱処理の用途を拡大させています。

よく見られるレーザ焼入れ不良

　レーザ光の照射幅（焼入れ幅）の拡大には、その処理面積の拡大に見合う大出力の発振器が必要となるため、一度に処理できる加工範囲には制限が生じます。すなわち、広い面積の全面に焼入れが必要なワークは、レーザ加工にとって不利な対象となります。

❶広い範囲を焼入れする方法

　広い範囲の焼入れ要求には、図3-4-9に示すように広い幅Hに対して1パスの焼入れ幅hを一定のラップ部幅aにて隣り合うように配置し、繰り返し（**1**〜**4**）焼入れを行い、焼入れ幅の拡大を検討します。

　しかし、一般的には一度焼入れにて硬化された層を再加熱するラップ範囲は、焼戻しになってしまいます。

❷ラップ部の焼戻しと蓄熱の作用

　図3-4-10には、板厚13mmのSK3を用いてレーザ光の1パス幅8mmをラップ幅2mmで焼入れした場合の硬度分布を示します。硬度はワーク表面から深さ0.2mmの位置を横方向に測定しています。同図の硬化層**1**でのラップさせていない範囲では最大硬度が約Hv800に達しているのに対して、ラップ部の硬度は半分以下のHv380にまで低下しています。

　また、加工が進むに従って、ラップさせていない位置での最大硬度も徐々に低下（硬化層**1**：Hv800→硬化層**2**：Hv720）する傾向があります。これは、連続した加工では加工部周囲への熱の蓄熱が進み、自己冷却の効果が低下するための現象です。

❸硬度低下の対策

　ラップ加工が必要な場合は、外部からの強制冷却を行うこと、連続加工から間欠加工に変更して冷却時間の確保などの対策があります。一方で、広範囲な焼入れを必要とする加工では、このラップ部をできるだけ少なくするレーザ光の照射パターンやレーザ光のエネルギー分布の工夫も必要です。

　焼入れ速度の高速化にも課題があります。切断や溶接ではレーザ出力の高出力化によって加工速度の高速化が可能でしたが、焼入れではワーク内の熱拡散速度を考慮する必要があります。すなわち、高速度の加工条件では焼入れ深さ

が浅くなるため、比較的低出力で低速度の条件設定が必要です。

図 3-4-9 | 広い範囲を焼入れする方法

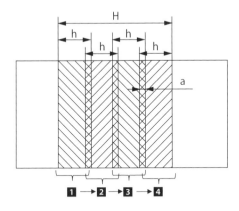

H：要求焼入れ幅
h：1パスでの焼入れ幅
a：ラップ部幅

図 3-4-10 | 硬化層拡大での課題

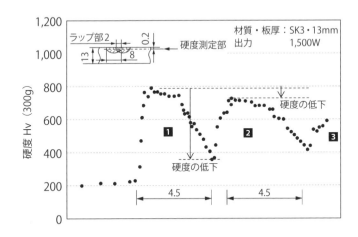

要点 ノート

レーザ加工の全般にいえることは、広範囲のレーザ光照射はエネルギー効率的にレーザ加工の特長が出ません。ワーク全体に占めるレーザ加工範囲の割合が狭いほどレーザ加工の特長が発揮される高付加価値加工が行えます。

ワークの影響による
加工品質の低下

　レーザ穴あけでは加工条件が適正であっても、ワークのバラツキや加工中の蓄熱状態によって、加工品質の低下を招くことがあります。

❶ワーク板厚のバラツキによるテーパ度の悪化

　ワーク板厚が小さな t_1 から大きな t_2 までバラツキがある場合に同じ加工条件で穴加工すると、**図3-5-1**に示すように表面での直径と穴底での直径の比率によって決まるテーパ度が変化します。板厚が小さな t_1 の基板Aでの加工穴表面と穴底での径を a_1、a_2 とするとテーパ度は a_2/a_1 となり、板厚が大きな t_2 の基板Bでの加工穴表面と穴底での径を b_1、b_2 とするとテーパ度は b_2/b_1 となります。これらの基板Aと基板Bを同一の出力条件で加工すると、それぞれの除去量に差が生じてしまい、テーパ度は下記の関係になります。

$$\frac{a_2}{a_1} > \frac{b_2}{b_1}$$

　ワーク板厚のバラツキによるテーパ度の変化は基板の信頼性を低下させるため、できるだけテーパの変化を少なくする加工条件の設定が必要です。

❷ワーク蓄熱による真円度と穴底品質の悪化

　図3-5-2にはレーザ加工による穴間ピッチが加工穴の真円度に与える影響を示します。穴間ピッチが狭いパターンではワークへの蓄熱が徐々に増加し、加工の進行とともにワーク温度が上昇します。温度の高いワークはレーザ光のエネルギーによる分解作用が高まるため、わずかなエネルギー変化にも敏感に影響を受けて除去範囲を変化させてしまいます。その結果、加工穴の真円度が徐々に悪化します。一方、穴間ピッチが広いパターンでは、ワークへの局部的な蓄熱が発生せず、加工が進行してもワーク温度の上昇が少なくなります。そのため除去範囲の変化が小さくなり、高い真円度を維持することができます。

　除去面積が広い加工においても、ワークへの蓄熱が加工品質の悪化を招く場合があります。**図3-5-3**はレーザ光を重ね合わせながら連続照射する大面積除去加工での加工品質の劣化を示します。ワークへの蓄熱の影響を抑えるために低出力の条件を選択すると、加工の開始部分では穴底の樹脂残りを発生させます。また、高出力の条件を選択すると、加工の進行に伴い内層銅箔の貫通を起

こします。これらの対策としてワークの温度上昇をシミュレーションして加工条件と加工経路を最適化する取り組みを行っています。

図 3-5-1 ワーク板厚のバラツキによる穴精度の悪化

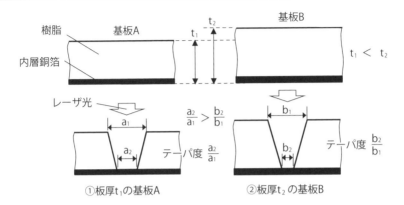

①板厚t_1の基板A ②板厚t_2の基板B

図 3-5-2 ワーク蓄熱による穴精度の悪化

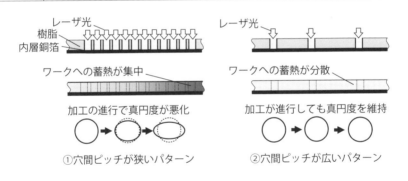

①穴間ピッチが狭いパターン ②穴間ピッチが広いパターン

図 3-5-3 ワーク蓄熱による樹脂残りの発生

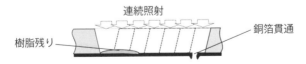

要点 ノート

レーザ穴あけでは、ワーク板厚のバラツキによる加工への影響を抑えるパルスのショット数や出力の条件設定を必要とします。ワークの温度上昇をシミュレーションして加工条件や経路を最適化する取り組みも行われています。

光学部品劣化による
加工品質の低下

　穴あけは、アシストガスを使用せずレーザ光の照射部が蒸発・除去される加工方法のため、ワークから発生する粉塵が加工品質を低下させやすくします。

❶粉塵の発生

　図3-5-4はワークへのレーザ光の照射部における粉塵の発生状態を示します。レーザ切断の場合は、加工中の発生物は切断溝を通過して下部に排出されるため、加工部の粉塵が上部の光学部品を汚す可能性は低くなります。一方、穴あけでは非貫通の加工が多いため、ワークからの発生物である粉塵はレーザ光の照射方向に向かって飛散します。そのため、穴あけ用のレーザ加工機では粉塵が保護ウィンドウに付着しないようにブローガスをワーク表面に流し、反対方向に設置されているダクトによって粉塵を集塵しています。しかし、加工時間短縮のために高出力条件を使用したり、板厚の大きなワークを加工したりする場合は、粉塵の発生量や飛散速度が増加するため、粉塵が保護ウィンドウ下面に付着する可能性が高まります。表面銅箔のあるワークの穴あけでも、飛散する金属粉塵が保護ウィンドウに付着しやすくなります。

❷加工品質の低下

　保護ウィンドウのレーザ光が通過する位置に汚れがあると、その位置を通過するレーザ光が汚れ部分に吸収されてしまい加工のエネルギーを低下させます。その結果、図3-5-5に示すようにエネルギーの低下した位置では、穴加工の除去量を低下させます。さらに、穴の真円度やテーパ度が変化したり、穴底の樹脂残りを発生させたりもします。穴加工エリアの全体にわたって除去量が不十分になる場合は、fθレンズに入射するレーザ光エネルギーの減衰していることが原因です。加工エリアの一部（局所的）の除去量が不十分になる場合は、保護ウィンドウの汚れが原因になります。

　対策としては保護ウィンドウのクリーニングを行うこと、定期的なクリーニングを実施している場合はその実施時間の間隔を短くします。なお、クリーニングの際には保護ウィンドウ表面のコーティングを傷つけないように注意が必要です。一方で、集塵能力の不足も原因として想定できまので、メーカ指定の集塵能力であるかの確認も必要です。

図 3-5-4 粉塵の発生

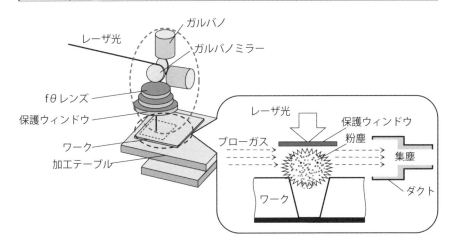

図 3-5-5 光学部品劣化による加工品質の低下

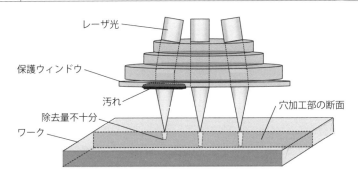

要点 ノート

レーザ光と同軸状にアシストガスを噴射しない穴あけでは、加工時に発生する粉塵が加工品質を低下させる可能性があります。光学部品のクリーニングや粉塵の除去が効果的に行われているかの確認が必要です。

メンテナンスの目的

　レーザ加工機を安定かつ安心して稼働させるためには、加工機の性能を良好な状態で維持しなければなりません。そのためには計画的なメンテナンスと消耗品の予防交換が必要です。

❶突発的な故障の影響

　突発的な故障が発生すると、以下に示す機会損失・生産損失の発生、信用力の低下や失墜につながるため、積極的に故障を回避する取組みが必要です。

　　・機会損失：加工機が休止することで仕事を請けられない損失
　　・生産損失：加工機が休止することで生産減や代替の加工依頼する損失
　　・信用力低下や失墜：加工機が休止することで業務依頼の減少や取引停止

　一般的に突発的な故障への対応には、**図3-6-1**に示す保全作業があります。

　（1）予防保全

　部品ごとに耐用年数や耐用時間を定めておいて、一定期間使用した段階で交換する保全方法を意味します。予防保全を実施することで、作業を計画的に実行して故障発生の可能性を低減できるため、加工機の停止をメンテナンス時間のみに抑えることが可能です。

　（2）事後保全

　加工機が故障した段階や、機能もしくは性能の異常が顕在化した段階になり、初めて修理などの処置を施すものです。生産を中断させて復旧させる作業のため、生産計画が狂います。

❷予防保全と事後保全の考え方

　図3-6-2にはレーザ加工機の品質維持に及ぼす予防保全と事後保全の影響のイメージ図を示します。加工機のライフサイクルに合った部品交換を行う予防保全は加工機の品質を維持できますが、事後保全では品質を徐々に低下させます。部品を故障する前に交換する予防保全ではコスト高が懸念されますが、加工機の稼働実績や、部品交換・修理履歴を正確に管理し、加工機のライフサイクルに合った部品交換を可能にします。そのため、**図3-6-3**に示す保全コストのイメージのように、加工機の長期にわたる稼働期間での予防保全コストの評価が見直されています。

図 3-6-1 突発的な故障の影響

```
                        保全作業
        ┌──────────────────┴──────────────────┐
【予防保全】                        【事後保全】
・定期メンテナンスによる品質維持      ・品質不安定
・長期劣化部品の計画交換              ・能力発揮不足
・突発のマシンダウン低減と復旧時間短縮  ・突発のマシンダウンによる稼働率低下
・計画停止による稼働率向上            ・突然の修理費、機会損失、生産損失増大
・問診による故障の予見                ・二次故障への拡大
・経費の予算化                        ・信用の失墜
・メンテナンス履歴データをコンピュータ管理
```

図 3-6-2 加工機品質に及ぼす保全のイメージ

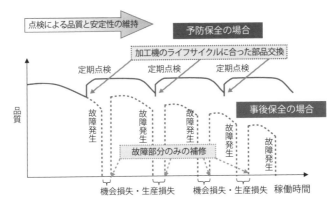

図 3-6-3 長期間稼働における保全コストのイメージ

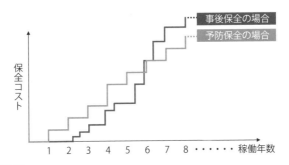

要点 ノート

突発的な故障による加工機の停止は、機会損失や生産損失の発生、信用力の低下や失墜につながるため、積極的に故障を回避する必要があります。計画的なメンテナンスや予防保全的な消耗品の交換が対策になります。

消耗品の基礎

　多数の部品からなる工作機械を構成している機械要素のうち、機械の動作に伴って劣化することを前提とした部品が消耗品です。レーザ加工機が他の工作機器と大きく異なる点は、光を扱うための光学部品や高速で精度よく加工するための専用部品が使われていることです。そのため、消耗品の定期的な交換や性能確認が必要になってきます。特に光学部品は、経年劣化による反射率・透過率の低下や汚れによる吸収率増加が顕著な能力低下につながります。

　ここでは主な消耗品を日常消耗品、軽故障に対応する消耗品、重故障に対応する消耗品、長期劣化消耗品に分類して紹介します（**図3-6-4**）。

❶日常消耗品

　この消耗品はユーザで交換が必要な部品であり、定期交換により品質維持が可能なため、予備品として所有することが必要です。日常消耗品をユーザで所有し交換作業を実施できるメリットは、メーカから派遣するエンジニアの経費やエンジニア到着と修理までの機会損失・生産損失の発生を抑えます。

❷軽故障に対応する消耗品

　この消耗品は不具合時にユーザで交換が容易な部品であり、手順書に従って交換が可能なため、予備品としてユーザで所有することを推奨します。軽故障に対応する消耗品をユーザが所有するメリットは、部品到着まで待機しなければならない機会損失・生産損失を防止して短期復旧が可能となります。

❸重故障に対応する消耗品

　この消耗品は不具合時に一般ユーザでは交換が不可能な部品ですが、保全レベルが高い要員を教育し確保しているユーザでは手順書に従って交換可能な部品です。これらを保有することにより、復旧時間を短縮させる消耗部品です。

❹長期劣化消耗品

　この消耗品は不具合時にユーザでは交換が不可能な部品であり、メーカのサービスマンによる交換作業の日数も掛かかる高額な部品です。部品劣化の兆候が現れた段階で、加工機の計画停止にて予防交換を行います。

　図3-6-5に示すようにレーザ加工機の使用環境である機械稼働率、生産工程、工場所在地、予算などから消耗品を選定します。もちろん、消耗品の所有

量が多いほど安心ではありますが、保守コストが上昇しますので使用環境に合わせたバランスが重要です。

図 3-6-4 消耗品の分類

イオン交換樹脂　ノズル　加工レンズ　　ベンドミラー　静電ケーブル　インシュレーション
　　　　①日常消耗品　　　　　　　　②軽故障に対応する消耗品

先端アダプタ　直線ガイド　インバータ　　ジャバラ　軸流送風機　電極
　　③重故障に対応する消耗品　　　　　　④長期劣化消耗品

図 3-6-5 加工機品質に及ぼす保全のイメージ

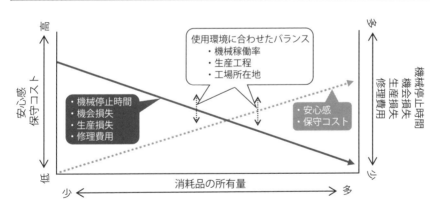

要点　ノート

レーザ加工機用の消耗品は、日常消耗品、軽故障に対応する消耗品、重故障に対応する消耗品、長期劣化消耗品に分類し、加工機の使用環境に合わせて準備の範囲を決めます。

メンテナンスコスト

　レーザ加工機の保守には消耗品やメンテナンス契約、定期点検などに、少なからず費用が発生します。特に突発的故障では想定以上の費用が発生するため、メンテナンスコストの分析を行い、予め予算化しておく必要があります。以下には**図3-6-6**の例を使いメンテナンスコストの分析を解説します。

❶消耗品の使用される部位ごとの分類

　消耗品の使用実績や発生コスト分析をするためには、その部品が使用されるユニットごとに分類しておくことが詳細把握のために有効です。

❷消耗品の加工機への装着数と購入単価

　この欄には、消耗品の単価とレーザ加工機に装着されている個数とを記載します。消耗品の装着数は、全てを一括交換することや一部交換することがあります。またイオン交換樹脂のように、量で記載するものもあります。

❸消耗品の各年に使用される数と合計価格

　この欄には、消耗品の使用頻度と使用数、および単価から消耗品ごとの合計金額を記載します。図示した例では部品Aを年間5個使用するため、合計金額は5×A部品単価としています。

❹消耗品の使用予想根拠や注意事項などの記載

　消耗品の交換時期は確定されたものではないため、備考欄などを使って交換を予想した根拠などを残しておくようにしましょう。また消耗品の手配時期や使用実績などの注意事項の記載も重要です。

❺消耗品は稼働時間に応じて交換年が決まる

　消耗品の交換は年単位ではなく、稼働時間にて決定される生産計画に合わせた使用数の配分を行います。部品Dは2年間に相当の時間ごとの交換予想です。

❻消耗部品代のみで発生する年間のコスト合計

　この欄には、年間の消耗品を購入する金額の合計が記載されます。

❼メンテナンス契約費、または突発故障対応の経費など

　修理費に関してメンテナンス契約や定期点検と突発故障を比較すると、突発故障の場合は本来の故障部品だけではなく、そこから波及した二次的に故障し

た部品は別修理の扱いになることもあります。加工機の稼働率にもよりますが、突発故障での対応は費用が割高になるのが一般的です。

❽メンテナンスに発生する合計コスト

メンテナンスにて発生する全ての費用です。

図 3-6-6　メンテナンスコストのシミュレーション

分類 ❶	項目 ❶	装着数 ❷	単価 ❷	1年目 数 ❸	1年目 合計金額	2年目 数	2年目 合計金額	3年目 数	3年目 合計金額	4年目 数	4年目 合計金額	5年目 数	5年目 合計金額	備考 ❹
発振器・ヘッド	部品A	1	A####	5	5A####	5	5A####	5	5A####	5	5A####	5	5A####	
	部品B	1	B####	1	B####	1	B####	1	B####	1	B####	1	B####	
	部品C	2	C####	2	2C####	2	2C####	2	2C####	2	2C####	2	2C####	
	部品D	1	D####			1	D####			1	D####			❺
	部品E	1	E####					1	E####					
電源	部品F	1	F####					1	F####					
冷却装置	部品G	1	G####	2	2G####	2	2G####	2	2G####	2	2G####	2	2G####	
加工機	部品H	1	H####	3	3H####	3	3H####	3	3H####	3	3H####	3	3H####	
	部品I	10	I####	20	20I####	20	20I####	20	20I####	20	20I####	20	20I####	
	部品J	3	J####	2	2J####	2	2J####	2	2J####	2	2J####	2	2J####	
年間消耗品合計 ❻					K1######		K2######		K3######		K4######		K5######	
メンテナンス契約費など ❼					L1######		L2######		L3######		L4######		L5######	
年間メンテナンス合計 ❽					M1######		M2######		M3######		M4######		M5######	

❶消耗品の使用される部位ごとの分類
❷消耗品の加工機への装着数と購入単価
❸消耗品の各年に使用される数と合計価格
❹消耗品の使用予想根拠や注意事項などの記載
❺消耗品は稼働時間に応じて交換年が決まる
❻消耗部品代のみで発生する年間のコスト合計
❼メンテナンス契約費、または突発故障対応の経費など
❽メンテナンスに発生する合計コスト

要点 ノート

メンテナンスに必要なコストを予算化しておくことで、発生費用を平準化することができます。さらに表計算ソフトで年間発生費用を集計しておくことも、メンテナンスコストの全体経費への反映を容易にします。

加工時間の見積

　加工形状から加工前に加工時間を算出することは、生産性の分析や生産段取り、ランニングコスト試算などをする上で重要な役割を担います。さらに、正確な加工時間算出にするほど、これら分析や試算の精度を上げます。

❶切断での加工時間の見積

　切断の経路長を切断速度で割る計算で切断時間を求めることができますが、この方法では実際の時間よりも短時間の計算結果になってしまいます。その原因は、ピアシング時間、ピアシングまでの距離（ピアシングライン）および切断速度の加減速などの要因が考慮されていないためです。

　図3-7-1の切断形状では、3か所の切断開始部でのピアシング（**1**）とピアシングライン（**2**）で加工時間が増加します。エッジ部ではエッジ手前から減速しエッジ通過後は加速する制御が働きます。小さい角度のエッジ（**3**）は大きい角度のエッジ（**4**）より、加減速は大きくなり加工時間は増加します。同様にピアシングラインから円周加工の始点（**5**）に入る角部でも加減速の発生する状態になります。通常はこれらのエッジ部の処理に要する時間を加算して見積を行います。直線（**6**）部は一定速度で切断できるため、計算値に近い時間になります。これ以外にも、ワークの搬出入の時間を考慮する必要があります。

❷溶接、熱処理での加工時間の見積

　加工速度が遅い溶接や熱処理は、基本的に加工の経路長と加工速度の関係から加工時間を求めることができます（図3-7-2）。加工部品数が多い場合や複雑な経路の加工になる場合は、ワークの搬出入に要する時間割合が増えます。

❸穴あけでの加工時間の見積

　穴あけでの加工時間の要因は、レーザ照射条件である一穴当たりパルス時間と照射回数、パルスモード（バーストまたはサイクル）と、レーザ光の位置決め速度になります。レーザ照射条件は設定するパルス周波数によって算出されますが、レーザ光の位置決めには図3-7-3に示すガルバノとテーブルの制御を事前に確認し、加工時間を補正する必要があります。ガルバノのスキャンが6領域（同図①）の場合は5回のテーブル移動、スキャンエリアが12領域（同図

②）の場合は11回の移動が必要です。さらに加工テーブル移動が停止してからレーザ加工をするか、移動しながら加工するかの制御（同図③）も、加工時間に大きく影響します。

図 3-7-1 | 切断での加工時間

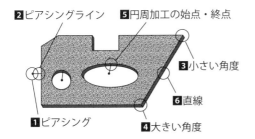

図 3-7-2 | 溶接、熱処理での加工時間

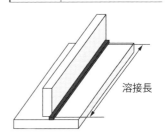

図 3-7-3 | 穴あけでの加工時間

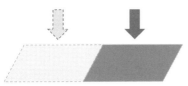

①ガルバノスキャン領域が大きい場合

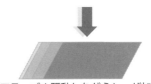

②ガルバノスキャン領域が小さい場合

加工テーブル駆動 → 停止後にレーザ加工 　　加工テーブル駆動しながらレーザ加工

③テーブル駆動方式の効果

要点｜ノート

加工時間を加工前に高い精度で算出できると、生産性分析や生産段取り、ランニングコスト試算を効果的に行えます。特にレーザ加工の請負業務での正確で短時間の加工時間算出は、顧客への納期や見積回答に不可欠です。

ランニングコストの試算

　単品や小ロットから大ロット加工に対応するレーザ加工において、コスト管理が不十分であると、営業活動に支障をきたし利益を生み出すことも危うくなります。特にコスト見積業務には精度が求められ、手間は多大となる傾向にありますが、基本を押さえておけば、決して難しいものではありません。

❶ランニングコストの内容

　図3-7-4にはランニングコスト内容の分析と、それを決定する加工条件および諸経費との関係を示します。なお加工速度は製品加工の加工時間に直接影響する扱いにしましたが、正確には加工時間の算出を行う必要があります。

　(1) レーザガスコスト

　CO_2ガスレーザ発振器において使用するレーザガスでの発生コストであり、ファイバレーザ発振器では発生しません。コストの算出は下記の通りです。

　　　<u>レーザガス単価</u>×<u>時間当りのガス消費量</u>×<u>加工時間</u>

　(2) 電気コスト

　レーザ光の発生と加工機や周辺装置などの加工機システム動力源として消費される電力のコストです。特に使用する発振器の発振効率や加工条件の設定出力によってコストの差は大きくなります。

　　　<u>電気単価</u>×<u>加工機システムの消費電力</u>×<u>加工時間</u>

図 3-7-4 ランニングコスト内容

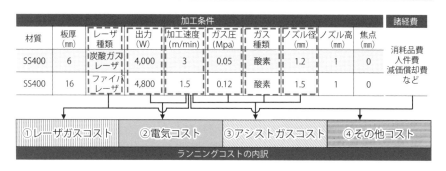

（3）アシストガスコスト

加工中に使用されるアシストガス消費に掛かるコストであり、下記にて算出します。エアーでのコンプレッサー使用では電気コストでの算出になります。

アシストガス単価×時間当りのガス消費量×加工時間

（4）その他コスト

その他には消耗品費、人件費、装置の減価償却費などで発生する諸経費を含めて算出します。この場合も発生費用を加工時間当たりに換算して求めます。

❷ランニングコスト試算

図3-7-5には、その他コストを除くファイバレーザによる切断（①）と溶接（②）でのランニングコスト試算例を示します。電気単価とガス単価は地域の

図 3-7-5 ｜ 切断、溶接でのランニングコスト試算例

①切断

材質・板厚 ： SS400・6mm
全切断周長 ： 2,400mm
出力 ： 4kW
加工速度 ： 3m/min
加工時間 ： 54s
（全切断周長 / 加工速度より大きくなる）
ガス種類 ： 酸素
ガス圧 ： 0.05Mpa

1 レーザガスコスト
〔0（ファイバレーザ）〕
4.9円/L［ガス単価］×0.2～30L/h［消費量］×0.015h（54s）［加工時間］（CO_2 レーザ）
2 電気コスト
20円/kWh［電気単価］×33kW［消費電力］×0.015h（54s）［加工時間］
3 アシストガスコスト
0.2円/L［ガス単価］×65L/min［消費量］×0.9min（54s）［加工時間］
4 その他コスト
10～100円/min［含める対象や設備による］×0.9min（54s）［加工時間］

②溶接

溶接長 1500mm

材質・板厚 ： SUS304・8mm
溶接長 ： 1,500mm
出力 ： 8kW
加工速度 ： 6m/min
加工時間 ： 15s（溶接長 / 加工速度）
ガス種類 ： アルゴンガス
ガス流量 ： 20L/min

1 レーザガスコスト
0（ファイバレーザ）
2 電気コスト
20円/kWh［電気単価］×59kW［消費電力］×0.004h（15s）［加工時間］
3 アシストガスコスト
2.3円/L［ガス単価］×20L/min［消費量］×0.25min（15s）［加工時間］
4 その他コスト
10～100円/min［含める対象や設備による］×0.25min（15s）［加工時間］

諸条件で異なりますので参考例にしてください。加工機消費電力についても製造メーカや機種によって異なりますので導入メーカへの確認が必要です。

❸ランニングコスト試算（加工実績からの算出）

　加工形状の情報不足や膨大な種類の加工などでは、事前の加工時間シミュレーションが不可能なため、加工実績からのランニングコスト試算が求められます。この場合、レーザ出力を発振させた加工時と、加工待機時（アイドル時）のコストに分けて試算する必要があります。加工時には大きな電気コストとアシストガスコストが発生しますが、アイドル時には電気コストが低下し、アシストガスコストは発生しません。そのため下記の稼働率を考慮した試算が必要です。

　　　加工時コスト×稼働率＋アイドル時コスト×（1－稼働率）

　図3-7-6には、ワークの加工条件、加工実績で判明した加工時間、稼働率によるランニングコスト試算の例を示します。

図 3-7-6 | 加工実績からのランニングコスト試算

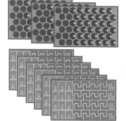

軟鋼厚板の切断

材質・板厚　：SS400・12mm
全切断周長　：不明
形状種類　　：8 種類以上
出力　　　　：4kW
加工時間　　：5h
稼働率　　　：60%
ガス種類　　：酸素
ガス圧　　　：0.05MPa

■1 レーザガスコスト
　〔0（ファイバレーザ）〕
　4.9 円 /L［ガス単価］×0.2〜30L/h［消費量］×5h［加工時間］(CO₂ レーザ)
■2 電気コスト
　20 円 /kWh［電気単価］×58kW［消費電力］×5h［加工時間］×60%［稼働率］
　20 円 /kWh［電気単価］×8kW［アイドル時消費電力］×5h［加工時間］×40%［1－稼働率］
■3 アシストガスコスト
　0.2 円 /L［ガス単価］×65L/min［消費量］×5h［加工時間］×60%［稼働率］
■4 その他コスト
　10〜100 円 /min［含める対象や設備による］×300min（5h）［加工時間］×60%［稼働率］

要点 ノート

高い精度でランニングコストを試算する要求が高まっています。コスト試算の基本は消費材の単価×消費量であり、ここでの正確な消費量の算出に加工時間の実績またはシミュレーション結果を使います。

● レーザ加工機の揺籃期での出来事 ●

　世界で初めてレーザ発振した1960年から7年後の1967年に、筆者の所属する三菱電機はCO_2レーザの基礎研究に着手しました。1981年には業界初の高周波放電励起の1kW発振器を製品化し、その間には加工技術開発も同時に進めました。

　当時、レーザ先進国のアメリカではレーザ加工の用途として溶接や焼入れが主流であり、切断用途にはあまり使用されていませんでした。当社でも文献などを参考にして溶接や焼入れも試みましたが、市場からの要求は限定されていました。一方、切断に関しては、紙やプラスチックの切断は容易でしたが、金属は板厚1mm程度であっても分離はできるが使用に耐えうる切断品質ではありませんでした。

　当時はレーザ加工も目新しく、各方面から切断のサンプル加工依頼が殺到しました。当然、依頼側もメーカ側も未経験であり、互いに手探りの加工でした。失敗例で思い起こされるのは、冷凍マグロの尾切り、玉葱や乾燥椎茸の切断、食パンの切断、ジャガイモの皮むきなどですが、いずれも異臭や熱変質が発生したり、付加価値から見て実用化に程遠かったりしました。

　これらの試行錯誤を重ねた用途開拓によって、レーザによる金属切断が現在においては最大の用途となりました。金属切断の加工品質を飛躍的に向上させた重要な出来事を挙げるとしたら、①レーザ光品質の長時間維持、②高ピークパルスの発振、③ビームモードの可変制御、④円偏光度の向上、⑤アシストガスの高精度制御などの技術開発が思い浮かびます。この加工原理に関する知識は、現在でも新材料の加工条件を探す際にも役立つはずです。

切断面が変色し 目利きが困難	加工時間の短縮 が困難	燃えてしまう	トーストになって しまう	芽（凹部）の 加工が困難
冷凍マグロの 尾切り	玉葱の切断	乾燥椎茸の 切断	食パンの切断	ジャガイモの 皮むき

初期の加工事例

【参考文献】

1) 中野正和：最近の吸収率データ、ALEC、JWES、LMP委員会、2000LMP-本-09（2000）
2) 金岡優：絵とき レーザ加工の実務　第2版　CO_2 ＆ファイバレーザ作業の勘どころ　日刊工業新聞社（2013）
3) 金岡優：レーザ加工で進める工法転換　製品設計に必ず役立つ実践ノウハウ　日刊工業新聞社（2016）
4) 金岡優：機械加工現場診断シリーズ7 レーザ加工　日刊工業新聞社（1999）
5) 金岡優、他1名：CO_2 レーザの切断品質とアシストガスに関する研究、日本機械学会論文（C編）、59巻562号、350-356（1993）
6) 金岡優：絵とき レーザ加工の実務　作業の勘どころとトラブル対策　日刊工業新聞社（2007）
7) 布施雅之、他2名：レーザ切断における被加工母材の熱変形挙動に関する研究　精密工学会誌 Vol.70,No.2　257-262（2004）

【 索引 】

英

AC サーボモータ	28
BVH加工	92
CAD/CAM装置	10、42
CO_2レーザ	8
CW出力	102
CW溶接	112
fθレンズ	16、152
HMI（Human Machine Interface）	20
IoT	46
NC軸制御	20
NCプログラム	42、78、82、84、126
TH加工	92
Tスロットナット	26

あ

アース（接地）	18
アシストガス	66、68、70、72
穴あけ	92
穴あけ特性	108
穴壁面の粗さ	100
安全	74、76
アンダーカット	70、144
アンダーフィル	144
位相	22
位置決め制御	20
移動速度	30
液化ガス貯槽（CE）	34
エッジ部での溶損	110
円周溶接	142
塩水噴霧試験	121
オフセット	84、96、134
オフラインティーチング	130

か

加加速度	30
加工ガスの供給設備	34
加工機の駆動系	28
加工機の固定	32
加工機の据付	32
加工機の接地	32

加工時間	126、160、162
加工システム	10
加工条件の自動設定機能	110
加工条件裕度	108
重ね継手	90、138
ガス圧力の低下	68
ガス濃度の低下	68
ガス配管系統	18
ガスボンベ（シリンダー）	34
加速度	30
ガルバノスキャナ	16
干渉	22
貫通溶接	138
キーホール	54、62
キーホール型溶接	55
機械原点	80
機械座標系	80
共通線切断	128
許容キャップ	140
クーリングタワー	10
クレータ	144
軽故障に対応する消耗品	156
剣山方式	27
高圧ガス保安法	74
高圧コンプレッサー	19
硬化層	112、120
硬化層深さ	98
合金化	146
工具径補正	84
工程管理	46
硬度分布	98
高ピーク短パルス	56
コンプレッサー	36

さ

サイクルパルス	114
座標系	80、82
座標語	78
サブプログラム	84
酸化反応	52、66、70
酸化反応熱	104
酸化皮膜	120

三次元切断	88
三次元レーザ加工機	12
残留応力	136
シーケンス制御	20
シートチェンジ	44
指向性	22
事後保全	154
自動化システム	44
集光特性	22、58、60
重故障に対応する消耗品	156
集塵機	38、74、76
集束能力	22
終端部での溶損	110
周波数	102
樹脂残り	100、150、152
出力形態	102
昇圧機	34
焦点位置	60、62
焦点深度	58
蒸発器	34
消耗品	156、158
仕分け装置	44
真円度	96、100、150
数値制御装置（CNC）	10、20
スキャニング溶接	14
スパッタ	72、144
スポット径	58
スポット溶接	54
すみ肉継手	138
スラットサポート方式	27
制御軸数	78
制御ユニット	20
絶対値指令	82
切断板厚	104
切断速度	104
切断品質	132
切断面粗さ	96、118
増分値指令	82

た

第一条痕	52
第二条痕	52
脱臭装置	74、76
単一波長	22
短焦点レンズ	58、60

地耐力	32
窒素ガス供給ユニット	10
窒素ガス発生装置（PSA）	34
長期劣化消耗品	156
長焦点レンズ	58、60
超低温液化ガス容器（LGC）	34
突合せ継手	90、138、140
突合せ溶接	142
ティーチング	130
ディスクレーザ	8
低ピーク長パルス	56
データ	78
テーパ	96、100、116、150
テーブルの上面構造	26
デューティ	102
テルミット反応	74
電気配線系統	18
溶け込み深さ	106
塗装の剥がれ	120
ドライヤ	36
ドラグライン	52
トレパニング方式	64
ドレン抜き	76
ドロス	70、96、122

な

内層銅箔ダメージ	100
肉盛	146
二次元切断	86
二次元レーザ加工機	12
二重ノズル	67
日常消耗品	156
ネスティング	42、128
熱処理（焼入れ）	90
熱伝導型の溶接	54
熱ひずみ	96、145
熱レンズ作用	22
狙いずれ	144
ノズルの芯ズレ	72
ノッチ	119

は

パージ用コンプレッサー	10
バーストパルス	114

バーニング（セルフバーニング）
　　　　　　　　　　　　　70、124
バッファタンク　　　19、34、36
パルスエネルギー　　　　　102
パルス出力　　　　　　　　102
パルス数　　　　　　　　　102
パルス幅　　　　　　　　　102
パルス溶接　　　　　　　　112
パレットチェンジ　　　　　44
反射率　　　　　　　　　　104
パンチング方式　　　　　　64
ハンピング　　　　　　　　144
ピーク出力　　　　　　　　102
ピーニング　　　　　　　　146
ビームウィービング　　　　140
ビーム吸収特性　　　　　　8
光ファイバ　　　　　8、10、24
非貫通溶接　　　　　　　　138
ピット　　　　　　　　　　144
非補間制御　　　　　　　　20
表面焼入れ　　　　　　　　146
表面溶融　　　　　　　　　146
ファイバレーザ　　　　　　8
歩留り　　　　　　　　　　128
フリーベア方式　　　　　　26
フレア継手　　　　　　　　138
ブローホール　　　　　　　144
プログラムフォーマット　　78
ブロック　　　　　　　　　78
粉塵　　　　　　　　74、152
平均出力　　　　　　　　　102
ヘリ継手　　　　　　　　　138
ベンドミラー　　　　　　　10
防振　　　　　　　　　　　32
放物面鏡　　　　　　　　　22
補間制御　　　　　　　　　20
ポロシティ　　　　　　　　144

ま

水配管系統　　　　　　　　18
ミルスケール　　　　　　　118
無酸化切断　　　　　　66、70
眼の障害　　　　　　　　　74
メンテナンス　　　　　76、154
メンテナンスコスト　　　　158

や

焼入れ特性とレーザ出力　　106
焼入れ深さ　　　　　　　　106
焼戻し　　　　　　　　　　148
床の平面度　　　　　　　　32
溶接　　　　　　　　　　　90
溶接特性とレーザ出力　　　106
溶接割れ　　　　　　　　　144
予防保全　　　　　　　　　154

ら

ラック・アンド・ピニオン　28
ランニングコスト　　160、162
リニアモータ　　　　　　　28
リモート溶接　　　　　　　14
冷却装置（チラー）　10、18、40
冷却能力　　　　　　　　　40
レーザ穴あけ　　　　　　　56
レーザガス　　　　　　　　10
レーザ光吸収の特性　　　　104
レーザ光の伝送系　　　　　24
レーザ出力　　　　　　　　104
レーザ切断　　　　　　　　52
レーザ発振器　　　　　8、10
レーザ焼入れ　　　　　54、98
レーザ溶接　　　　　　54、98
労働安全衛生法　　　　　　74
ロボット　　　　　　　　　14

わ

ワーク原点　　　　　　　　80
ワーク座標系　　　　　　　80
ワークの固定　　86、88、90、92
ワークの支持　　　　　　　26
ワード　　　　　　　　　　78

著者紹介

金岡　優 （かなおか　まさる）

三菱電機株式会社 産業メカトロニクス事業部主席技師

1983 年　北海道大学大学院修士課程修了
1983 年　三菱電機株式会社入社、同社名古屋製作所配属
1993 年　学位（工学博士）
1997 年　同社レーザシステム部加工技術課長
2000 年　同社レーザシステム部品質保証課長
2002 年　同社 GOS グループマネージャー
2013 年　同社産業メカトロニクス事業部主管技師長
2018 年～現職
その間、名古屋大学非常勤講師、光産業創成大学院大学客員教授、北海道大学客員教授も歴任。

主な著書
「機械加工現場診断シリーズ 7 レーザ加工」（日刊工業新聞社）1999 年
「絵とき レーザ加工の実務　作業の勘どころとトラブル対策」（日刊工業新聞社）2007 年
「絵とき レーザ加工の実務　第 2 版　CO_2 & ファイバレーザ作業の勘どころ」（日刊工業新聞社）2013 年
「レーザ加工で進める工法転換　製品設計に必ず役立つ実践ノウハウ」（日刊工業新聞社）2016 年

NDC 549

わかる！使える！レーザ加工入門

〈基礎知識〉〈段取り〉〈実作業〉

2020年6月19日　初版1刷発行　　　　　　　　　　定価はカバーに表示してあります。

ⓒ著者　　　金岡 優
　発行者　　井水 治博
　発行所　　日刊工業新聞社　　〒103-8548 東京都中央区日本橋小網町14番1号
　　　　　　書籍編集部　　　　電話 03-5644-7490
　　　　　　販売・管理部　　　電話 03-5644-7410　FAX 03-5644-7400
　　　　　　URL　　　　　　　https://pub.nikkan.co.jp/
　　　　　　e-mail　　　　　　info@media.nikkan.co.jp
　　　　　　振替口座　　　　　00190-2-186076

印刷・製本　　新日本印刷㈱

2020 Printed in Japan　　落丁・乱丁本はお取り替えいたします。
ISBN　978-4-526-08066-1　C3053
本書の無断複写は、著作権法上の例外を除き、禁じられています。

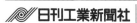